簡報即戰力

讓任何人都買單的上台說話術

專業企管講師
楊紹強

—著—

目錄 ｜ CONTENTS

第 II 章　訴求精準的簡報心法

目錄 CONTENTS

第 III 章　製作投影片的實務技巧

第 **IV** 章　泰然自若的即戰力

目錄 | CONTENTS

第 V 章　對任何對象做簡報

第 VI 章　高手不說，但都在做的事

自序

「人才不是挑出來的，是跳出來的！」一位企業人資主管這麼說。職場中的核心能力，除了要能做事、會做人，還須有發表簡報的能力。有人在職場苦幹實幹，卻因為簡報時表現不佳，被主管打了較差的考績；有人除了做事中規中矩，還非常會簡報，那份「跳出來」的優秀讓主管留下了正面深刻的印象，而被拔擢升遷。簡報已經是職場不可或缺的能力，每個職場人都需要具備簡報的能力。

簡報是由企劃設計、投影片製作及上台發表三部分共同組成，這些能力要如何培養與提升？相信多數讀者都是透過觀摩他人簡報，或是自己不斷在「做中學」來累積經驗。很多人透過網路找尋相關資料，可惜的是，網路上資訊非常大量且片段，不盡然和自己簡報的型態相符，未必能參考套用；坊間簡報相關書籍琳瑯滿目，以投影片設計製作、商務簡報和國外翻譯的為大宗，也較缺乏國內企業的實務應用。

因此，我將從事培訓工作二十餘年的經驗，以擔任簡報技巧講師的實務，及簡報評審的角度，用口語易懂的方式寫了這本簡報專業的「工具書」。

第1章「滿足聽眾的基本功」：把硬梆梆的內容透過雙向、有影響力的溝通技巧，讓聽眾跟上簡報者的節奏並留下深刻印象；第2章「訴求精準的簡報心法」：如何針對不同場景與對象做規劃，設計簡報內容，並在有限時間裡，達到簡報的目的；第3章「製作投影片的實務技巧」：如何透過大綱化、色彩化、數據化、圖像化、自訂動畫、影音多媒體化，讓投影片變得生動，吸引聽眾的目光；第4章「泰然自若的即

戰力」：讓簡報者不受突發狀況影響，不緊張、不怯場，在台上自然自在地隨機應變。相信不同需求、不同程度的讀者，都能在此書中得到相應的觀念和突破契機，提升自己的簡報能力。

不同的場景與屬性、不同的對象與偏好，簡報呈現往往也南轅北轍。本書第5章「對任何對象作簡報」提供了8個不同的職場簡報實例，其中4個是企業內的簡報場景：對主管、對同事、對部屬、對團隊；四個是對外溝通：對客戶、對專家、對民眾、對記者。透過實務案例設計的邏輯解析，結合投影片的圖解呈現，相信更能讓讀者有效轉換應用，減少未來設計製作投影片的時間，加強訴求的精準度並增進簡報的效益。

此外，本書第6章「高手不說，但都在做的事」再附加5種非一般性簡報類型，卻是讀者會常用到的：自我介紹、電梯投述、訪客導覽、團隊簡報以及英語簡報，也是坊間書籍較少談到的公眾表達密技。每一種都結合三個場合案例，協助讀者快速掌握重點。相信未來在這些特殊的簡報場景都能如魚得水，提升職場競爭力。

感謝原動力團訓的客戶們熱情提供案例，從高階主管的支持、承辦人員的協助到法務單位的授權，才能讓這些寶貴的企業投影片集結成冊，一系列全彩印刷呈現的實務案例，絕對是本書的一大特色。也感謝周亦龍顧問的提點與協助，商周出版與美編團隊的用心，原動力全體同仁、助教團的支援以及家人的支持。衷心希望各位讀者能藉由本書，提升簡報設計、製作及上台的功力，精準有效傳達簡報的目的，讓聽眾深刻體會、如沐春風。最後，把這本書做為原動力團訓成立20年的生日禮物，以及自己人生走過半百的里程碑。

楊紹強

前言
為什麼要做好簡報？

理由 1：表現工作實力，給人留下好印象

　　各位讀者，相信您對於這樣的工作場景一定不陌生：一早開始上班，企業會議室的投影設備在IT人員協助下一切就緒，開始了一天數場不同目的的會議，一位又一位的簡報者上台簡報，布幕上一張又一張的投影片不斷閃過……

　　9:00：幾位高階主管陸續就座，今早的第一個會議是季經營檢討，各部門主管上台將上一季的經營成果向總經理報告，針對落後的部分說明原因、提出解決方案。

　　11:00：行銷部會議，行銷部經理將剛剛主管季經營檢討會的重點布達給部門的夥伴，讓同仁更瞭解目前公司的營運策略及總經理的要求，激勵團隊、帶著信心再出發。

　　12:00：中餐讀書會，企業內社團的夥伴邊吃飯邊聽本週主持人說明「π型人」和「T型人」的差別，之後每人用三分鐘分享自己的心得與收獲。

　　13:00：客服單位的訓練，資深夥伴透過一系列結合實例說明的SOP投影片，讓每個人提升顧客至上的理念，加強客服能力。

　　14:00：三家廠商陸續進來提案，針對採購及生產部門的需求，各家廠商代表無不使出渾身解數，利用短短20分鐘展示說明自家產品的特色優點，並接受現場與會人員的提問，給予即時回應。

　　15:30：研發人員進入會議室，每個人針對自己負責的項目做專案

報告，讓其他人瞭解新產品研發的進度，並針對相關問題及細節提出討論。

17:00，業務部月會，首先，這個月加入公司的兩位新人上台向大家自我介紹，接下來經理要求每位業務人員對市場變動以及競爭對手的觀察，提出因應的做法。

18:00：會議一一結束，業務助理最後將器材關機，設備收好，關上會議室的門，大家也陸續離開公司，結束了忙碌的一天。

殊不知，不停運作的投影機見證了每個開口發表夥伴的表現。有的讓人印象深刻，留下了正面、菁英的印象，下一個加薪的就會是他；有人的簡報讓其他人得到了明確、充足的資訊，知道下一步如何行動；有一家廠商的代表拿到了訂單。相對的，有人講得荒腔走板，被與會主管現場挑剔，在眾人面前丟臉漏氣；有人講完對照其他人的精彩發言，暗自感嘆自己尚待努力，有人錯失了一筆成交的機會。有人被加分，有人則被扣分……

簡報，就是職場的一部分。

對內對外，無所不在

每個人都必須要做簡報，只是因部門功能不同、層級職位不同，簡報的規模和頻率不大一樣。對內簡報面對的是主管、專案團隊、部屬及跨部門的同事，簡報重點在提供決策分析、報告進度，或是分配工作、尋求協助與任務的配合、如何達成目標，如何分配資源。對內簡報是經營自己的品牌，創造自我的價值和差異，簡報講得好，除了讓主管肯定，對未來的升遷很有助益；同時工作推動更順利，與同事協調更順心，也讓大家對自己舉起大拇指，建立好的名譽與形象。

對外簡報建立的是組織形象，面對的是客戶、互動的民眾和專家，也有公務溝通的記者，除了公關，更要有說服的功能。所以如果

簡報講得好，外部客戶對自己的企業行銷宣傳比較會買帳，對組織留下正面印象，也順勢展現個人特色，打造自己的品牌；相反的，簡報之後產品乏人問津，宣導無人理睬，更糟糕的是聽眾心想：這是什麼單位啊？怎麼會讓這樣的人擔任對外的溝通窗口呢？

除了職場必備簡報的能力，生活中公眾表達的機會也無所不在，例如社區住戶大會，主委簡介頂樓加裝太陽能設備的方案，財委向住戶報告收支狀況，新住戶向鄰居自我介紹。簡報的需求也隨著社會變遷開始向下延伸，大學多元入學管道中，面試的表達與回答能力，是非常重要的。

簡報已是每個人不可或缺的能力。

每一次簡報都可能是最後一次

既然對內簡報是經營自己的品牌，對外簡報又事關組織形象，所以每次簡報都很重要。簡報若成功，通常可以期待晉升或嘉獎，或者給聽眾留下好印象；很多組織也透過簡報評選廠商，因此能否促成一筆大訂單，切入大企業的供應鏈，得到長期龐大的營業額，生意成功與否就取決在這個重要的簡報。另外，很多會議同時安排了數個議題，幾位簡報者都會上台報告，彼此不免會互相比較，講得好不好、水準高不高，馬上高下立判，甚至因此被貼上了正面或負面的標籤。

有時簡報的重要性直接可由聽眾的頭銜嗅出端倪，很多與決策相關的簡報，聽眾清一色都是「理」字輩或「長」字輩人物：例如企業的總經理、執行長、處長、廠長，公部門的部長、局長，或是學校的校長、協會理事長，除此之外，媒體記者、重要客戶、評審都可能是簡報的對象，這些「大咖」關鍵人物的時間往往非常寶貴，難得一次的安排，搞砸了通常很難有下一次，簡報的重要性更是非同小可。

想一想，這一輩子是否接觸某些企業、組織就那麼一次呢？我們

對他的印象是不是也就是那次溝通或簡報？所以，每一次簡報都有可能是最後一次，每次簡報都很重要，把握當下，做好簡報。

理由 2：精簡有條理地達成溝通目的

簡報＝簡要的報告

Presentation 中文是「簡報」，顧名思義就是簡要的報告，一種簡報者預先設定目的，在限定的時間、特定的會場，透過有組織、有條理的方式，運用簡報軟體和設備，面對面傳達給一群特定聽眾，讓對方理解並接受自己的想法，進而採取期望的行動，達成目標的溝通過程。簡報是一種結構式的對話。

因此，一場成功簡報的內容絕對需要精心設計，做好內容規劃，精簡重點，把握限定時間，每張投影片都有其目的，內容豐富可以幫簡報者加分，站在台上說的每一句話也都能有效訴求，讓這場簡要的報告能夠影響聽眾，讓別人相信自己，進而達成簡報的目標。

所以，簡報雖然是簡要的報告，但絕不是一種簡單的報告，有很多的關鍵和技巧。誰講得好，秀出自己的實力和魅力，誰就是職場的贏家。

無極至「簡」

限時驚「報」

神乎其「技」

奇能生「巧」

簡報＝面對面溝通

我們平時習慣用 Line 傳訊息，用 e-mail 溝通，但簡報的屬性是面對面溝通。不像其他溝通模式可以只在電腦螢幕前傳遞資訊，當我們站在台上，元氣是否足夠，態度是否誠懇，與會聽眾都會直接感受，一

站到台上，用不用心，馬上被聽眾放大檢視。

　　簡報者一上台，台下聽眾一般會用眼神掃描一下，擷取下列資訊：今天的主題是什麼？主題和我有關嗎？內容我需要瞭解嗎？簡報者是誰？他是否熟悉業務？他準備好講這個題目了嗎？他憑什麼講這個題目？他是否內涵深厚？他是否夠格說明？接下來，除了報告內容是否具備專業論點、分析透徹之外，簡報者的信心態度、思維邏輯、個性特質、格局氣度及表達能力，在面對面溝通時直接暴露在聽眾眼前，無法閃躲也不能僥倖。

　　人與人之間最珍貴的關係是信任，而信任往往透過面對面溝通建立得更紮實。所以簡報者務必將自己準備好，再呈現在聽眾面前，推銷自己的專案和點子之前，要先推銷自己。

簡報＝一對多溝通

　　簡報聽眾少則三五人，多則高朋滿座，是一種一對多的溝通。一般職場業務的一對一溝通較簡單，我們只要把注意力放在對方身上，關注對方的需求，並依照對方溝通的頻道來互動。對方速度快，自己也就講快一點；對方如果愛挑剔，話就不要說太滿。另外，適時的停頓發問，可以讓彼此溝通緊密順暢。

　　一對多的溝通難度較高，因為台下聽眾每個人關注的焦點不一定相同，期望的速度也不一樣，對某些事情的好惡落差也可能相當大，因此，涉及政治、宗教或人事的議題應盡量避免。再加上要優先照顧做決定的高階主管，打哈欠、滑手機、心不在焉的聽眾可能會干擾到自己，所以簡報者必須要練習一對多的穩定性和溝通影響力。

　　此外，一對多溝通的簡報者通常是把簡報講完，聽眾才開始回應，所以對重點的掌握、效率的要求，更遠遠超過一對一溝通。

我的簡報有問題？
檢查常犯的簡報錯誤

1. 弄錯主角

　　一場簡報，主角到底是誰呢？很多人不小心會把簡報軟體當成主角，從被通知某月某日某場合要上台做簡報開始，就把全副注意力放在投影片的打字、排版和美編上，製作投影片成為唯一關注的焦點。殊不知，簡報軟體不過是配角，投影片不等於簡報，投影片是死的，人是活的，真正的關鍵是人。

　　錯置主角將使得簡報者在設計內容時「角度」不妥，比較會由「我有什麼素材」為出發點，「如何製作好投影片」為終點。忽略了人的因素，缺乏對聽眾的同理，也就忘記思考聽眾的需求和期望，反客為主將使簡報者漏掉一些重要面相。

　　以投影片為主角，簡報者也會因此忘記體察聽眾的狀態，只想著傳遞內容，缺少人與人互動的溫度，造成聽眾負擔，也使得溝通結果不盡理想。再加上很多會議場地，都是將投影布幕放置在前方的正中央，簡報者站在邊角，投影片內容即使很精采，少了人的影響力，也會讓溝通美中不足。

2. 照本宣科

　　各位讀者，您是否見過簡報者把全部要說的資料貼在投影片上，從頭到尾對著密密麻麻的投影片逐字照唸，過沒多久，台下聽眾便開始打哈欠或倒成一片，覺得這場簡報是一場誤會呢？或是簡報者自我感覺良好，不斷地讀稿，始終沒抬起頭看看聽眾，聽眾一般會有很自然的反應：你不看我，那我也不需要看你。最後簡報就在苦悶無聊中結束，讓聽眾以為今天來聽朗讀，對簡報者留下不熟悉內容也不專業

的印象。

也有簡報者一上台，對聽眾鞠個躬之後馬上切入主題，滔滔不絕，卻忘了做一件很重要的事：沒有和聽眾連線。聽眾的眼神、思維、心境都還沒與簡報者連線時，往往溝通效益不彰。即使一開始連上線，但簡報者照本宣科、背對聽眾、與現場零互動，幾分鐘後，少數進入狀況的聽眾也不小心斷了線，漸漸地放空，雖然看著布幕，心思卻已不知跑到哪裡去，或是直接低頭滑手機，做自己的事情。

把簡報當作講稿，自顧自講話，不單是不理想的單向溝通，還會讓人唯恐避之不及。聽眾抬頭只見簡報者背影，低頭看著密密麻麻的資料，氣氛令人想打盹，這又是一次不愉快的聽簡報經驗。

3. 欠缺設計

很多簡報者像是在演獨角戲，講自己愛講的、想講的、能講的，忽略了聽眾希望聽到什麼，忘記思考如何讓聽眾滿載而歸；沒做好規劃，只把投影片一張一張放出來，聽眾心中盡是OS：你說的內容叫做「你家的事」，不是「我家的事」。

除了角度之外，簡報者沒有做好整體的內容規劃，除了沒有連貫性，風格不一致之外，還欠缺邏輯，或是整體密度不對，導致頭重腳輕，開了很多戰場，但是最後沒有充分交代；或是時間沒有規劃好，太快或太慢就進入結論。此外，缺乏清晰的論點、欠缺章法和條理，都會讓聽眾失望。

最後，有的投影片數量太多，在有限時間一直Enter、Enter、下一張、下一張，把過多資訊傾倒給聽眾，讓聽眾不敢恭維。或是投影片上沒有重點和標題，文字密密麻麻，訊息瑣碎冗長，沒有重點，超過了聽眾的負荷，最終讓聽眾失去了專注力。

4. 動畫問題

隨著動畫功能越來越強,不少簡報者開始過度使用,簡報變成一場聲光與技術秀,甚至常選用華麗的進場方式:孫悟空由投影片左下角飛到右上方;換頁時出現法拉利疾駛而過的聲音,並搭配爆炸的動畫,讓聽眾看得眼花撩亂,簡報也失去了焦點。

也有簡報者使用太多干擾的插圖動畫,無論是擠眉弄眼的蒙娜麗莎、伸縮自如的海綿寶寶,還是快速旋轉的芭蕾舞者,不但沒有為投影片加分,反而喧賓奪主,干擾聽眾的注意力。簡報者為了「特效」,反而迷失在「特技」的呈現與追逐裡,最後使得聽眾分神,增加無謂困擾,無法達到簡報的目的。

完全不使用動畫或應用太少也不理想,當投影片一秀出,內容全部被聽眾掃過,簡報者在講第一行,聽眾已看到最後一行,彼此的節奏不同,溝通效果也就因此打折。

各位讀者,您是否也不小心運用這些的錯誤方式簡報呢?本書接下來會用完整的說明搭配案例,協助您學會正確的簡報方式,打造高效益的簡報能力。

I
滿足聽眾
的基本功

1-1 把聽眾當主角，拉近彼此距離

溝通是一種訊息流通，有發訊方的編碼，也有收訊方的解碼。會使用到語言，更有非語言，雙方一定要有交集才算溝通。台上簡報者把資訊帶給聽眾就是一種溝通，管道包括了投影片的呈現、書面資料、簡報者口述，以及整體呈現的感受。聽眾回饋反應與意見給簡報者，簡報者才能調整溝通的步調與深度，讓雙向溝通同步，達到最好的效益。

簡報者除了要讓聽眾把注意力放在自己身上之外，更要把聽眾當主角。把自己看小一點，以客為尊，想一想今天的聽眾是誰，瞭解聽眾的需求，用聽眾的語言，會讓聽眾感受到這場簡報是為他而講，他是簡報的主角，內容為他「量身訂製」，感受會很不同。

使用聽眾的語言

另外，面對面溝通首重建立共同點。各位讀者是否有這樣的經驗：和陌生人溝通時，發現對方是自己的同鄉或同好或是同學，因此讓彼此增加了親切感？因此簡報者可以盡可能多說「我們」或「大家」，避免說「我」、「你」、「你們」，拉大了彼此的距離。記得要「破冰」，不要破壞了友好關係。

針對某些族群，簡報時使用地方方言，或提到大家熟悉的俗話諺語，也能讓彼此更親近。拉近彼此的距離，先讓聽眾接受自己，聽眾才有可能接受接下來的內容和資訊。

運用表演與情緒渲染聽眾

台灣第一高樓是哪一棟？相信讀者心中馬上跳出答案：台北一〇

一。如果現在用一張投影片來介紹，我們邀請辦公室位於台北一〇一大樓的幾位上班族來簡報，結果可能會非常不同。就像一首歌由不同的歌手演唱，視覺、聽覺、感覺搭配不同，詮釋的效果也非常不一樣。

有人講得雖然很簡要，但已描述一〇一鶴立雞群的美感和指標性；有人講得非常生動，眼神中流露由高樓層往外看到的宏觀景象；有人講得非常興奮，彷彿能感受到跨年煙火的震撼與感動；有的人可能只是介紹大樓的位置、高度與樓層；有人沉悶的說明讓人懶得聽下去；甚至有人臉上露出不甘願的表情：為什麼要派我出來介紹，不找別人？同樣一張投影片的主題給不同人講，帶給聽眾的感受及印象會截然不同。

美國加州大學洛杉磯分校教授亞伯特・梅瑞比安（Albert Mehrabian）曾提出：一個人說話內容的影響力只占了百分之七、聲音語調給人的印象占了百分之三十八，肢體動作占了百分之五十五。文字本身沒有溫度或表情，每個人對於同一句話的感受也不一樣，所以簡報者不只介紹內容，更要善用聲音、表情、動作等非語言因素，加上對這件事情的信念和熱情，結合投影片和道具簡報。這樣的全方位溝通，更能讓聽眾印象深刻。

1-2 用簡單的文字和話語溝通

大師開示常常只用一句話，簡單又有穿透力，簡報高手要懂得效法大師精簡內容。文字多，聽眾不容易抓到自己的觀點。有的簡報者因為自信過度，「我對這個內容非常熟悉」，因此準備了過多的內容，造成聽眾的壓力。沒有人喜歡聽高談闊論，但會關注與自己切身相關的內容。

用簡單的話說複雜的事

　　簡報者要把想法架構清楚，把概念彙整成完整的邏輯，並精簡內容，加上例證能讓說明變得更具體，方便聽眾思考和判斷。陳述簡潔有力而非資訊龐雜，勢必能達到更好的效果。高手就是把複雜的事，用簡單的話說出來：

	複雜地說	簡單地說
簡單的事	學者	凡人
複雜的事	專家	高手

　　另外，簡報者的字句要簡易流暢，艱澀用語會增加咬文嚼字的難度。也要盡可能將自己的簡報分列出幾個重點，例如三大項、五個關鍵，方便聽眾瞭解及掌握簡報進程。

影響簡報流暢的因素：贅詞、口頭禪

　　每個人或多或少會有口頭禪，雖然這會讓我們的口語表達較為親切自然，但過多贅詞會讓簡報顯得不太專業，也會有點繁瑣。常見的口頭禪穿插在句首、句中和句尾：

句首：那、因為、我想、我覺得、我認為、基本上、所謂的
句中：ㄟ、ㄜ、對、可能、大概、就是、然後、所以、但是
句尾：呢、的話、是不是、這樣子、之類的、是吧
英文：**Well、And、Anyway、You know**⋯

　　曾經見過一位簡報者，每播放一張投影片之前都會說：「我們再看

下一張。」一直不斷重開機，不但毀了簡報的流暢性，也造成聽眾的困擾。問題是，很多人不知道自己有什麼口頭禪，所以建議讀者用手機的錄音功能把簡報從頭到尾講一遍，抓出自己的贅詞和口頭禪。

此外，因為對自己講的內容不夠熟練，所以講著講著會出現贅詞、使用這個那個口頭禪，讓自己有短暫的時間思考。只要在上台前多練習、準備充足、熟練內容，就能減少贅詞出現。

1-3 用聲音語調吸引聽眾注意力

談策略的人，常會說到「勢」的重要，例如「形勢」比人強、辦活動要「造勢」。簡報者一上台，音量大小就是一種「聲勢」、展現出自己的「氣勢」。聲音宏亮、語氣肯定，聽眾自然能感受到簡報者的信心，會願意相信簡報的內容，說到重點再加些氣勢，配合加強語氣，就會產生影響力。

聲音要宏亮

緊張時聲音變小了，聽眾會感受到自己的怯懦，所以大聲說話不但可以幫自己壯膽，還能吸引聽眾的注意力。但大聲不是扯著喉嚨吼叫，也不能讓聽眾覺得不舒服。善用麥克風，讓全場都可以聽到宏亮的聲音。

聲音要宏亮，應盡可能用腹式呼吸法，說話避免用鼻腔，並留意自己是否有鼻音或音色沙啞。在簡報前可以喝溫水潤喉，但不要喝冰水，以免讓喉嚨肌肉變緊，容易引起咳嗽。

一般而言，聽眾的注意力無法維持太久，簡報者最好表現出自信、熱情、熱烈的情緒，用重音強調重點，遇到關鍵字要大聲說並且

重複幾次，在這樣的刺激下，重點就能烙印在聽眾心中。

語調抑揚頓挫

您是否聽過有些簡報者說的比唱的還好聽？因為他說話抑揚頓挫。簡報者要避免平鋪直敘念稿，應盡可能變化音調、速度和音量，快慢兼具、聲音有高低起伏，才能表現出聲音的悅耳和韻味。針對不同的聽眾與主題，簡報風格方式、說話技巧及聲音語調傳遞的方式也要不一樣。

簡報者的抑揚頓挫要配合內容的讀音：四聲字例如「抑」，讀音能順勢降低；二聲字例如「揚」，讀音能有所揚起；「頓」，就像是留白，是廣告設計的基本要素，適時停頓最能贏得聽眾的注意力，讓聽眾有時間參與和思考；「挫」是轉折，要適度調整速度，是強調或推敲訊息的最佳方式。運用音調表現情緒，能讓聽眾跟著自己的節奏，被自己引導。

1-4 靈活控制說話的速度與節奏

一般而言，人可分為視覺、聽覺和感覺三種類型，視覺型喜歡用眼睛看，所以頭腦動得較快，說話速度也較快；聽覺型喜歡聽，講話速度較為適中；感覺型的人比較在乎自己的感受，所以說話速度會更慢一些。簡報者如果是感覺型語速較慢，喜歡速度快一點的聽眾心中會有嫌惡感，暗中想：「你這個人怎麼慢吞吞的呢」；如果簡報者是視覺型講話快，會讓部分聽眾覺得壓力大，不想跟著簡報者的節奏聽下去。

適時適速，快慢兼備

但簡報是一對多的溝通，我們很難用單一語速滿足全部的聽眾，所以需要練習快慢兼備，部分時間放慢，緩和簡報的氣氛，部分的節奏要加快，才能帶動聽眾做決定。原則上，最適當的說話速度是每秒約二至三個字，女生會比男生再稍快一些。

我每次上台前都會先感受一下這場聽眾的速度，整體速度偏快，簡報的語速就偏快；如果台下偏慢，一開始切入的速度會放慢，再逐漸帶領聽眾適度加快。另外，簡報者必須特別關注台下的「大咖」：那位最高主管或是做決定的Keyman，以他的節奏為主，或者是看到他的時候彈性變換，配合其說話的速度。

平時做聲音駕控練習

有些簡報者說話含糊不清，或是講話結巴，這樣會被聽眾暗自扣一些分數。尤其現今溝通越來越仰賴科技，很多人平時使用網路、手寫或貼圖來傳遞訊息，讓溝通變得較隨性，口語表達能力卻因此走下坡。

聲音駕控練習

本基金經行政院金融監督管理委員會核准或同意生效，
惟不表示絕無風險。
基金經理公司以往之經理績效不保證基金之最低投資收益；
基金經理公司除盡善良管理人之注意義務外，
不負責本基金之盈虧，亦不保證最低之收益，
投資人申購前應詳閱基金公開說明書。

聲音駕控是可以練習的，讀者可試一試這段申購基金的相關警語。第一次唸應該會卡卡的，但唸五次、十次後會漸漸流暢。建議讀者多練習口語表達，加強咬文嚼字的能力：例如初一吃素、初二吃素、初三吃素、初四吃素……，一回生二回熟，勤加練習讓發音準確，口齒清晰，提升駕控聲音的能力。

多用不同素材，多做演練，能訓練我們掌控聲音情感的能力，建議讀者可以用唸報紙的方式練習，翻到什麼就練什麼：翻到政治版面，就想像自己是一位司儀，中氣十足、聲如洪鐘地唸出：典一禮一開一始；翻到社會新聞，可練習加點悲傷、加點感情的唸法：失業八個月的林先生因無力償還卡債，在汽車旅館帶著一雙年幼子女燒炭自殺，妻子聞訊趕來，撫屍痛哭，這又是一起社會的人倫悲劇；翻到影視版，便想像自己是綜藝天王在主持節目。

最重要的是把自己的簡報稿多唸幾次，搭配錄音演練，可以發現自己的口氣語調還有哪些不足之處，不斷修改錯誤，不斷精進，真正上台時一定會表達順暢。

1-5 用肢體動作演示專業

相信各位讀者一定有聽過音樂演奏會，聽眾除了期待曲目豐富，音樂悅耳，樂團完美搭配之外，更希望能見到一位有經驗、指揮若定的樂團指揮。簡報者就像樂團指揮，站在有影響力的位子上，抬頭挺胸，張開雙臂，在上下、迴旋與分合的手勢中，引領出精采樂章。

站位

一般而言，站著會比坐著更好發揮，如果可以，簡報者應站著簡

報，面對聽眾，雙腳張開約30公分，體重分配在兩腳，身體挺直。從站在台上的位置，就能看出簡報者有沒有把聽眾放在心裡。

建議簡報者遠離講桌，站在會場中央不會被投影遮住的位置，讓自己接近聽眾。簡報者、投影布幕與聽眾間最好能構成一個三角形，這樣簡報者不會阻擋聽眾的視線，又能隨時看見聽眾與投影片。但多數的簡報布幕擺在場地的前方正中央，所以簡報者就更要留意站位，避免遮住兩側聽眾的視線，更避免站在影像投射區，讓自己變成一個大花臉。

站在投影布幕旁面對全體聽眾，若要看著布幕講解內容，原則上一隻腳不動，另一隻腳往後，讓自己側身站著，數秒後，同樣的一隻腳不動，另一隻腳往前和布幕平行。

除了固定的位置，簡報者也要適度走向聽眾，拉近彼此距離。移動的邏輯盡可能由近而遠，由慢而快，讓聽眾能漸漸適應位置的變換。

在布幕旁的站位和轉身

手勢

聽眾的眼睛容易被顏色和動作吸引，所以魔術師和演說家擅長運用手勢引導聽眾的注意力。手的高度要在腰部以上，動作大小依照會場人數呈正比，人數越多，動作與幅度就要變大，並要隨著投影片比出往上、往下、台階、握拳來強調重點，傳達訊息（範例見右頁）。

若簡報會場較小，可以不用麥克風，或是配帶領夾式麥克風，簡報者一手拿無線簡報器，另一隻手就可以強調重點；如果必須手拿麥克風，也建議適時調整，讓一手同時拿著麥克風和無線簡報器，讓另一隻手空出來做手勢，避免一手拿麥克風，另一手拿無線簡報器，手部一直晃動，影響力就不見了。

也建議讀者要對著穿衣鏡練習動作，想一想，鏡子裡的人動作是否協調有自信？是否準備好代表部門對外簡報？同時檢視手是不是會不自覺地垂下，僵硬不動，或者有手指著聽眾、手插口袋等動作習慣。

分享的手勢

戴耳麥的手勢

我們的業績要「提升」30%！

這個專案的目的是「降低」
新進人員的離職率

我們將「階段性」完成目標挑戰

我們對未來發展非常有「信心」！

1-6 用眼神與表情說服聽眾

「演講」這兩個字的組合真是巧妙，除了「講」、還要「演」，也就是文字之外，非文字的意境也是重要關鍵。簡報者在台上除了口說有形內容，如何生動地演出，眼神與表情絕對是傳遞無形意涵的重要因素。

眼神

眼神要盡量與聽眾接觸，接觸時需稍加停留，避免一掃而過，失去了交流的契機。若聽眾人數不多，可停留三秒或者更長一些，讓聽眾感受到自己的誠意和自信，看起來也更真誠和有說服力。

簡報者要盡可能環視全場，讓每位聽眾都被注視到。先與熟悉的人目光接觸，再抓住會場的五個點：聽眾座位區的左前方、左後方、右後方、右前方、中央，進而擴大範圍為五區，由點而面，也避免形成規律。避免注視特定對象太頻繁或者時間太久，但分配在關鍵人物身上的時間需要多一些。

關注聽眾的反應，細心留意聽眾的表情，及時調整簡報內容和說明的速度。注視聽眾比重至少80%，目光不要一直盯著投影布幕。在Q&A的時間，注意力的20%給發問者，另外80%仍應環視其他聽眾。

表情

若是較正式的報告，簡報者一定要採用正式的態度和口吻，但也可能因為太正式而臉部肌肉僵硬，連帶使聽眾很難放鬆，讓整場氣氛緊繃。所以簡報者要提醒自己：保持微笑，適度放鬆，展現親和力。

舞台魅力或許是與生俱來的，但只要不斷地演練，每個人都能夠

找到最適合自己的表達方式。建議讀者除了照鏡子演練之外，可以用手機錄下自己的簡報影像，檢視自己在台上的表情，往往會發現自己有一些不自覺的動作，例如：蹙眉、一直扶眼鏡等等。檢討自己的手勢、動作、眼神和表情，並且逐一改善，讓自己的簡報技巧更成熟，更有說服力。

1-7 隨時和聽眾互動，為氣氛增溫

有的簡報者可吸引聽眾聚精會神地聆聽，有的簡報者卻讓台下聽眾感到枯燥，想要逃離現場。單行道的溝通方式常常是有溝沒有通，達不到簡報的效果，所以簡報者和聽眾必須透過互動時時保持連線，互動不但能表現簡報者的誠意與尊重，情境也更生動且多些人情味。

與聽眾互動的技巧

簡報的第一個重點，就是簡報者有效掌控全場，所以互動要從第一秒就開始。簡報者一上台，就要展現親切與自信，眼光環視全場，並且向聽眾問好，例如：「各位朋友大家早安」，或者「各位長官大家好」。記得有問就要有答，如果向大家問好，聽眾還沒有回應，自己就搶拍開始簡報，聽眾即使想互動，也會發現這扇門是關的。所以一定要停頓幾秒，看著聽眾，讓聽眾也回答「早安」或者「好」，創造第一個互動。有讀者曾問：「那我向大家問好，大家都不理我，尷尬冷場怎麼辦呢？」原則上帶著微笑和熱忱，展現友善，多數的聽眾會回應。

如果聽眾是自己的部屬、團隊，或是外部客戶、民眾等較容易影響的族群，互動的方法較多，在簡報中適度的移動位置、調整音量、創造一些變化，都能創造些互動，也可以提問題請聽眾回答，請聽眾

舉手或是上台協助展示某樣物品。

聽眾若是高階主管，較難邀請對方協助，這時目光接觸就非常重要，透過目光關注，讓主管感受到自己對簡報議題的信心以及對他的尊重。此外，善用肢體語言、以彎腰鞠躬表示順從恭敬，也是一種潛在的互動。

用簡單的話術與道具，提高回饋率

簡報者可以問台下聽眾，例如：請問iphone一年的全球銷售量是多少台？若聽眾有回答，簡報者要立即回應「很棒！」、「數字要再多一點喔！」或者「哇！今天的聽眾好專業！」。透過回饋與讚美，讓聽眾更有動機和簡報者互動，也可適時用一些幽默的哏，提升聽眾的參與度，讓雙向溝通的循環能夠持續運作。

隨著科技越來越進步，即時反饋系統IRS（Interactive Response System）也常常用在教學或簡報場合，透過會場的電子設備，聽眾可以直接回答簡報者設計的問題，參與討論與互動交流，統計結果還可以即時顯示在布幕上，讓簡報進行更生動，聽眾更投入，溝通更有效。

1-8 影響聽眾的外在因素

簡報者的經驗背景與專業能力，往往是影響力的重要來源。一般人常會因簡報者的職位和頭銜，而對其產生某種程度的心理印象，所以有必要適度包裝。看看下面兩種不同的主持人介紹：

例1：「今天的簡報者是王曉華女警。」

例2：「今天的簡報者是婦幼警察隊的王曉華教官，王教官是空手道黑帶三段，號稱色狼殺手，在她手下被抓的色狼癡漢有超過一百人

以上。」

　　第二種方式適度包裝了她的頭銜與經驗，想一想這兩種簡介，聽眾會比較期待哪一種呢？

職位頭銜

　　在組織內部，既定的職位代表了既定的權力，如果職位偏低，職位頭銜會成為劣勢，因此得設法用別的強項加上認真謙和的態度補強。如果職位偏高，台下聽眾似乎必須聽自己的布達或說明。我會建議要放掉職位和頭銜，不要拿自己的權力來壓部屬與團隊。如果認為官大學問大，自己一定是對的，台下一定會聽，呈現出來的會是自己的傲慢。

　　真正的影響力不是迫使聽眾就範，而是能讓人發自內心願意認同與配合。主管一定要多建立非職位頭銜的影響力，下圖呈現了主管如何有影響力的祕密：

影響力的祕密

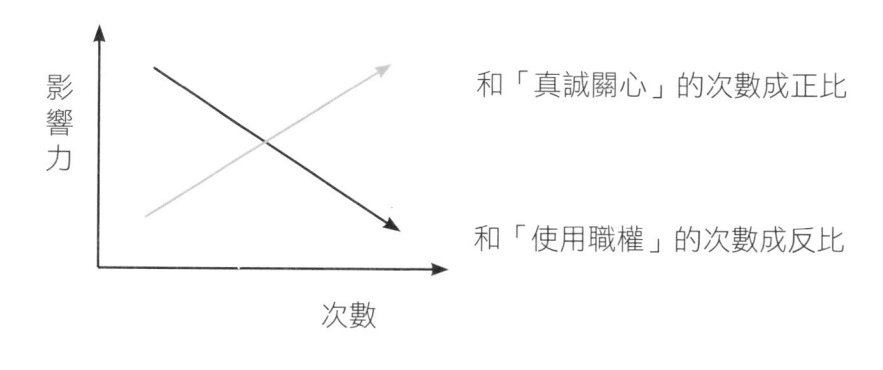

服裝儀容

　　聽眾會以穿著來判斷簡報者的專業度與敬業態度，默默在心中為穿著合宜的簡報者加分。若聽眾都穿著正式西裝，而簡報者只穿襯

衫，連領帶都沒有打，禮貌和氣勢上就先被扣分了。但也避免穿著太華麗或與眾不同，反而模糊了簡報的焦點。

穿著必須考量場合屬性與聽眾頭銜，並依照自己的職務與階級，穿相應合宜的服裝。一般而言，對外較正式的場合穿著標準是「比聽眾高一個層級」。白襯衫和深色西裝或套裝，往往是最安全且最適合的。若是大型的簡報會場，建議穿著色彩較鮮艷的襯衫，或是素色襯衫搭配較亮眼的領帶，讓自己看起來醒目，增加舞台魅力。

如果是對內簡報，建議要配合組織的文化和習慣。如果大家都穿工作服，簡報者若是穿西裝，反而會顯得格格不入；穿著稍微比組織慣性還正式一些，會讓聽眾感受到自己重視這場簡報，而且也不至於譁眾取寵。

另外，女性簡報者化淡妝上口紅，整個人看起來會更亮麗有精神；男性記得要修剪鼻毛，把鬍渣刮乾淨。整潔的儀容也是影響簡報成功與否的重要因素。

簡報的服裝建議

項目	男生	女生
髮型	梳理整齊	乾淨整齊
臉部	修剪鼻毛、鬍渣刮乾淨	淡妝、口紅不宜太紅
服裝	深色西裝和淺色襯衫	深色套裝和淺色襯衫
襪子	深色，不宜過短	膚色或黑色絲襪
鞋子	擦亮的深色皮鞋	細高跟包鞋
配件	以保守樣式為宜	款式越簡單越好
包包	黑色公事包為主	黑色公事包為主

1-9 讓魅力形象由內而發

　　影響力的英文是Influence，可以拆成In-flu-ence。最前面的In，就是在裡面的意思，簡報者內心有什麼，自然會flu（流露）出來。所以簡報者要提升外在影響力，要由內在力量——自己的信念態度著手。對自己簡報的議題有多少信念，和多強烈的意願與熱忱，將會反應在外在行為上。

信心態度

　　上台前先問自己：這場簡報要對聽眾傳遞什麼價值？對聽眾有什麼意義？例如要對民眾簡報「PM2.5」，我可以先思考：今天這場簡報要讓更多人瞭解PM2.5、讓更多人願意少燒香、少燒紙錢，更重視環保，大家越來越健康……當自己瞭解簡報的價值，充滿使命感，站在台上會更有穿透力。但是很多簡報者恰好相反，他們心裡會想：為什麼不找別人，這場簡報好無聊。自己不喜歡或是自己都排斥了，站到台上就是個沒有生命力的例行公事，自然不會引起聽眾的興趣。所以在影響別人之前，必須先影響自己。

　　每個人的特質不同，女性簡報者有的氣質甜美，有的成熟風華，有的則像是鄰家女孩；男性簡報者有的帥氣斯文，有的幽默風趣，有的瀟灑俊逸。我們毋須模仿別人，但要掌握自己的優勢與特質並好好發揮，展現出自信的魅力，讓聽眾不只喜歡自己的內容，更喜歡自己的自信和風采，那就是最棒的影響力。

自在幽默

很多簡報者做簡報太認真，尤其數字圖表更讓簡報者嚴陣以待，因此上台時四肢僵硬，臉部肌肉緊繃，一點都不輕鬆自在，影響力因此完全受限。緊張情緒就像一面牆，會阻礙簡報者與聽眾互動。

在簡報中注入幽默因子，可以有效拉近彼此的距離。盡可能用語生動，視場合設計笑話，讓聽眾會心一笑，氣氛好，聽眾更會願意接受簡報者的論點。只要放輕鬆，幽默感會自然出現。

永遠要記得，「自己」會比「自己說的話」傳遞更真實的訊息。

I
滿足聽眾的基本功

II
訴求精準的
簡報心法

2-1 事先打聽場合

　　如果說，站在台上簡報叫做「決勝千里」，那麼設計簡報內容就叫做「運籌帷幄」。在正式上場前，先搞清楚狀況並做功課，才有機會決勝於千里外。

地點在哪裡？

　　準備講稿前應該先瞭解簡報的場合、場景，不同的場合，有不同的習性與潛規則。在上台前先透過溝通與打探，上網蒐集相關資料，設計簡報前先把場合與場景想過一遍，掌握住大方向的資訊，見樹又見林。現場上台時將更能適切融入，做好簡報。

　　瞭解場合也包含瞭解場地座位，會場是禮堂？還是排排坐的教室？是馬蹄形的簡報室？還是一般會議室？事前狀況掌握越完整，簡報者在台上承擔的風險也就越少。

聽眾有沒有特別習慣需要留意？

　　我曾經有一次在簡報前把會場燈光調整成最佳狀況，但是簡報開始三分鐘後，最高主管姍姍來遲，而且口氣很差地下令把燈全部關掉。基於尊重，大家在黑暗中聽完了簡報，後來經過詢問才知道，這位主管調來的八個月都是這樣。所以，搞清楚是誰的場子、有哪些潛規則是非常重要的。

什麼樣的語言合乎場合與身分？

　　柏拉圖曾說：「智者說話，是因為他們有話要說；愚者說話，是因為他們想說。」想要簡報言之有物又言之有理，事前應該好好想清楚

該怎麼說。

所謂「名正則言順」，確認自己的身分和定位，確認這場簡報的任務，就能用對的身分、對的姿態和對的語言來訴求，事半而功倍。就像在談判時，有些話會交給團隊中的黑臉或強硬派，若是讓主帥自己講，會讓大家感覺有點不恰當。

例如：部屬向主管做簡報，用「報告」比「說明」來得好；相對的，主管對部屬做簡報，說「今天要向各位報告的是……」就把自己說小了。也請各位讀者感受不同的用語：「今天要向各位分享的是……」，「今天要向各位布達的是……」，不同詞彙傳遞了不同的氛圍，用適合自己身分的措辭很重要。

瞭解了自己的身分與位置，也可思考服裝要如何搭配：偏正式？穿西裝打領帶？或是較自在的穿著？都要做好考量。

2-2 留意簡報時間

如果請各位讀者介紹自己的公司，30秒的簡介與30分鐘的完整說明，深度會截然不同；如果要準備投影片，準備30分鐘或3天，構思及製作的細膩度差別也很大。時間是重要的資源，不同的簡報時段對聽眾的專注度也有不少的影響。

在什麼時間做簡報？

確定簡報日期、記下簡報時間，是專案管理的重要工作。一般而言，上班族的身心在週一較為疲憊，週二的工作效率最高，週五則較放鬆。在一天中，早上比較專注，下午時段會比較昏沉，要花更多心思才能讓聽眾集中精神。所以瞭解簡報的時間，也就瞭解了聽眾可能

的身心狀態，為那個畫面先做心靈預演和準備。

另外，距離簡報還有多少時間對準備很重要。若是在幾小時前才臨時收到簡報任務，建議套用以前類似的投影片，更新內容與數據，並用簡要方式陳述重點；若準備時間長，就有足夠時間重新設計腳本，製作全新的投影片。

預先知悉整個流程

自己的簡報很可能是會議中眾多議題的其中之一，因此預先知悉整個流程，不僅能瞭解大局，知道上一段會議或簡報的內容，簡報者可以順勢銜接，聽眾在一開始便會對簡報者留下不錯的印象。例如：「一位成功的業務人員需要有能力和能量，謝謝剛剛吳經理的熱情分享，讓我們提升了業務能力，接下來的15分鐘，我將帶給大家，業務如何保持熱情、持續有能量的秘訣……」

有時為了求效率，一整天的會議裡塞滿了六至八個不同議題的簡報，簡報者一上台往往會發現大家很疲倦。不妨貼心地為聽眾設想，先帶領聽眾動一動、伸懶腰，精神提振後再開始做簡報。

此外，如果自己是會議中的最後一場，上台的時候聽眾都累了，前面議程還可能耽擱了不少時間，主席很可能會要求簡報時間縮短，因此也要為這種意外狀況，及早準備時間縮短的策略與備案。

2-3 瞭解聽眾，百戰百勝

同樣一句話，某族群聽到會莫名感動，另一個族群卻覺得不重要；簡報者說出一個專有名詞，某族群認為很有水準，另一個族群卻完全聽不懂。所以要先做好聽眾分析，瞭解聽眾是誰、聽眾的組成。

對象是誰?

聽眾一般可分為決策者、影響者和參與者。職位最高的主管握有決策權,因此是簡報的主要目標聽眾,事前要多些探詢,對決策者多些瞭解。

影響者會間接影響決策,所以也應盡量符合其需求以獲得支持。有些影響者因為策略運用、角色扮演或個性使然,會打斷、挑戰或不懷好意地干擾,最好也先行瞭解,聽眾裡是否會有帶來負面影響的人。

參與者沒有決定權,但是會受到決策影響,簡報時仍須避免激起他們太大的反彈。

有什麼特性?

要瞭解聽眾可以用網路搜尋、瀏覽該公司網站與簡介;還可以和接洽窗口溝通,甚至做問卷調查,更加瞭解聽眾的背景與特性。

例如:聽眾的年齡層為何?性別?慣用的語言?知識水平高或低?單位的工作性質?職位?步調?工作性質的同質性有多高?偏好?這些基本特性必須要瞭解。

另外針對簡報的議題,聽眾是主動參加?有興趣?甚至渴望?或是被指派非來不可?聽簡報的心態是平常心?有既定立場?或是來踢館的?說服對方的切入點與禁忌?尤其要多探詢決策者的期望與嗜好。

有什麼需求?

盡可能調查聽眾對簡報主題的瞭解程度。不曾接觸?剛剛才知道?熟悉?為什麼需要多瞭解?關注的重點?特別想聽哪部分內容?聽眾對專業用語的認識、專業知識水平?對簡報者的瞭解程度?

不同的簡報目的,不同的對象,需求往往也不同。預先設想聽眾

的提問與反對意見，探詢聽眾的需求，再決定內容與技巧，多談對方想知道或不知道的事。掌握聽眾的想法與偏好，就容易找到正確的溝通模式，吸引並說服對方。

即便是同樣的目的與同一群聽眾，也會因為位置和屬性不同，使得價值判斷和需求有差異。一般而言，基層夥伴較關心自身的利害和執行層面，高階主管關心的角度較宏觀；同樣是高階主管，專業經理人較在乎效益跟可行性，而家臣較在乎老闆的想法。想要升官的主管會想聽到更多創新的內容，希望能做出結果，累積戰功而晉升；相對的，有些主管過半年即將退休，需求較是依循舊制，平安下莊。清楚聽眾的需求，才能夠用適當角度提出最適合的論點和建議。

人數有多少？

簡報前必須先瞭解聽眾人數，思考場地的大小和座位的安排。若是安排大小不適合的會議室，彼此注意力都不易聚焦。如果聽眾人數很多，必須考慮投影片字體大小，確認坐在後方的聽眾都能看得清楚。

瞭解聽眾的人數，也方便準備足額的書面資料，以及相關的展示品或贈品。另外我方出席的人數也要配合對方，避免人數太多給聽眾壓力，或是人數太少而服務不周。

2-4 為簡報訂立大綱

知道自己要什麼、聽眾要什麼，簡報最終才能創造雙贏的結果。當簡報者已瞭解聽眾的對象和特性之後，也要考量自己的使命責任，以及為什麼要做這場簡報，清楚確認目標，最直接的定義和定位是由簡報的主題開始。

講什麼主題？

簡報主題經常是主管交辦，或是由主辦單位設定。簡報主題切入的面相百百種，探討的範圍也可大可小，所以要先行瞭解，訂簡報主題的人期望聽到什麼。

例如簡報主題是「投資越南面面觀」，內容要著眼越南的基礎建設、人力資源、製造成本？還是未來趨勢、消費市場、投資機會？抑或政治環境、社會氛圍、排華風險？在有限時間內如何達到自己和聽眾的目標？這些都會影響內容走向。

想一想，聽眾認識自己嗎？聽過今天的主題嗎？我如何讓聽眾記得住？將主題明確清晰地包裝起來，更能引起聽眾關注。例如簡報是分析在越南投資設廠的評估，不妨將題目由「投資越南面面觀」改為「價值5億美金的一堂課：由台塑經驗看投資越南的契機與風險」，更能吸引聽眾的好奇心與興趣。

有什麼目的？

為什麼要做這場簡報？除了釐清簡報的主題，明確範圍及深度之外，簡報者更需要瞭解簡報的目的，想清楚自己究竟期望做些什麼。簡報的目的和講這場簡報的原因，往往比主題來得重要。

一般而言，簡報的目的包含下列三種：第一是「告知」，簡報者要將資訊告知聽眾，讓聽眾能瞭解某樣事物；第二是「說服」：簡報者不只讓聽眾理解，還要能認同、相信其中的訊息，給聽眾一個採取行動的理由，促使聽眾做出行動與決定；第三是「娛樂」，隨著溝通與簡報場合的多元性，簡報者也能透過簡報塑造幽默愉快的氛圍，增進人與人的互動。

告知性的簡報，資訊是重點；說服性的簡報若只提供資訊，沒有

臨門一腳，往往無法讓聽眾心動進而行動；娛樂性的簡報如果資訊太多，反而會讓聽眾無聊。上述三種目的不一定單一存在，往往會因為簡報屬性與目的不同而調整比重，本書第5章的8個職場簡報範例，都會描述這三種目的指標的高、中、低，方便讀者瞭解與運用。

要達到什麼目標？

一場簡報講完，會達成什麼樣的目標？最重要的是，聽眾聽了這場簡報會採取什麼行動？對接下來的時程有共識？還是主管願意撥經費？客戶願意買單？最好能找到達成目標的原因項目，並將其量化。

以我擔任評審的經驗，主辦單位都會依照活動的目的，設定評分指標和配分。下表為某場簡報大賽的評審指標，看得出來，這場簡報的重點是用有限預算做好創意發想，規劃出可行方案，報告技巧只占評分的三分之一。

某場簡報大賽的評審指標

項目	配分比重
策略創意	20%
簡報技巧	20%
創意發想	15%
企劃表現	15%
可行性	10%
時間控制	10%
預算控管	5%
團隊特色	5%

某場簡報的評審評分準則

項目	說明	配分比重
簡報內容	是否精簡呈現業務現況	40%
表達技巧	表達是否順暢有自信	20%
投影片呈現	美觀程度及切換順暢度	20%
應答能力	針對提問是否能清楚回答	15%
時間掌控	是否超過或不足時間	5%

第二個例子的評分準則較為平均，除了內容40%，其他幾個項目也都被評審所在乎要求，有或多或少的比重。所以簡報者在上台前如果能瞭解聽眾的在乎指標，就更能依照需求選擇重點，讓聽眾認同滿意，達成期望的行動目標。

規劃什麼樣的策略？

策略是達成目標的方法，所以簡報者在分析了主客觀環境、確定了目標後，要進行策略規劃。問問自己：我這場簡報到底要做些什麼，才能夠達成我要的目標？

做商務型簡報一般最常見的策略就是差異化，自己和同業的商品或服務有什麼不同？如何在這場簡報中凸顯出我們的特色專長，或是針對客戶的需求，一語中的，說到客戶的心裡？而很多招標的關鍵因素是價格，若是價格不是最低，簡報者講得再精采，也無濟於事。那就要思考換包裝或換組合，或再尋求其他方法爭取這個標案。

一般公務性的簡報或許沒有成交的目的與目標，但在報告過程中要讓聽眾眼睛一亮，進而認同自己的訴求，願意接納簡報者的建議，「亮點」往往是策略。所以也要問問自己，我的簡報有什麼亮點，是幽

默的哏，還是影音結合的科技感，還是在簡報中參照最新的議題，讓簡報更有即時性和新鮮感。

2-5 建立起承轉合架構

一場成功的簡報內容透過精心設計，會是一場結構性對話。如同寫文章一般，簡報的設計也可以應用「起承轉合」的結構，方便我們規劃設計，將聽眾從起點帶向終點，由一開始的狀態引導至簡報者預期的目的。

起

「起」是開場，開場白的目的是用來破冰、暖場，吸引聽眾的注意力，營造和諧氣氛。在「起」的階段，聽眾往往對主題一無所知，也可能心存懷疑，所以先透過微笑、問好拉近距離，感謝性的禮貌開場白能快速破冰。再來要能快速抓住聽眾注意力，激起聽眾的正向反應，提升聽眾積極參與和認同感，好的開始是成功的一半，一句強力的開場白，勝過十句客套話。常用的方法有：

常用的開場白

1. 拋出問題

例：台灣一年網購市場的營業額是多少？

2. 引述名言

例：鴻海董事長郭台銘說：「策略是方向、時機和程度。」

3. 時事破題

例：小熊隊揮別長達 **108** 年的山羊魔咒，在世界大賽封王。

4. 回顧過去

例：本公司在市場的占有率在稱霸了七年後去年竟被○○公司首度超越。

5. 預測未來

例：英、美、日本研究預測，機器人會在未來**20**年內取代國家五成的勞動人口。

　　接著要簡述主題：透過總覽（Overview）或議程（Agenda）預覽架構，向聽眾簡述大綱與流程，從什麼角度切入，最後會抵達什麼終點，讓聽眾產生方向感。

承

　　有些簡報者的「起」過於詳細，或在簡單開場白後就進入第二階段。其實「起」與「承」之間的界線並非像作文有明顯的跳行區隔，聽眾也不會知道，重點是簡報者在心中有這個系統架構，可做好時間配置，並清晰掌控整個簡報的流程。

　　「承」的階段要進入內容主體，簡報者要思考：如何有系統、有邏輯地呈現資訊，讓聽眾瞭解自己的觀點和內容？依照時間長短，簡報可分為三至五個主論點。主論點簡述主題的定義、緣由及重要性，進而說明相關的優劣性、正反面、影響層面。次論點則是相關資料，用數據、案例、名言來支持自己的主論點，或是運用照片、影片來呈現真實狀況。

　　簡報者要盡可能說明主題的價值和重要性，確保所有聽眾都對主題有相同的瞭解，以及為什麼有這些問題，為什麼有此需要，凸顯議題的嚴重性和急迫性。聽眾有關注、有興趣，才能與「轉」銜接。

轉

簡報者有本事「點火」，還要有「把火熄滅」的本事。聽眾在「承」的階段認知了議題重要與急迫性，「轉」就必須提供分析和解決方案，讓聽眾知道後續的建議。

簡單說，有了「因為」，那麼「所以」呢？「因為」問題和原因，「所以」我們的解決方案是什麼？「因為」趨勢和展望是這樣，「所以」我們的規劃是什麼？簡報者要證明自己的看法有效，確實能解決問題，所以要勾勒效益，提出明確的理由和證據，讓聽眾支持自己的看法。最後「價值」明確了，聽眾要付出多少「代價」，也必須要評估清楚。

為了增進讀者簡報的訴求能力，我將此段內容獨立成後續單元（2-6），將在那裡完整深入地說明。

合

「合」是簡報最後的聚焦階段，建議先回顧或摘要簡報內容，再一次強調重點，敘述結論，加深聽眾印象，讓聽眾知道簡報即將結束，可開始準備提問。

更重要的是，聽眾是否對自己留下正面印象，認同簡報的訴求與內容？聽眾的想法較難預期，所以要對聽眾提議，採取何種行動是最好的收尾。依照簡報型態目的不同，可直接布達專案計畫，或是兩個方案二選一，三個選項恭請長官裁示，明確下一步的行動。

聽眾提問和問題回答（見後續章節）後，別忘了在結尾感謝聽眾聆聽，下台一鞠躬，禮貌性地結束，為這場簡報留下專業且友善的正面印象。

值得一提的是，起承轉合的架構雖然有邏輯脈絡，方便聽眾理

解，但不一定適用於全部簡報。對主管或對外國人簡報，有時必須先講結論再說原因。

2-6 打動聽眾的訴求

相信各位讀者曾聽過一些簡報，對內容沒什麼共鳴，感到無趣枯燥；也曾經聽過一些很有感的簡報，一直被內容吸引，好像這場簡報就是為自己而講的。兩者最大的差別，在於簡報者說話的角度，訴求是否精準，以及是否具備打動聽眾的能力。

WIIFY 法則

簡報的關鍵法則簡稱「WIIFY」，它是「What's in it for you」的縮寫，聽眾關心的是：「你講的內容與我何干？」所以訴求角度都要以聽眾為導向。告訴聽眾，自己如何為對方提供價值，逐步帶領聽眾瞭解、認同並採取行動。

很多的簡報者往往只說自己想說的話，使用艱澀難懂的字句、複雜的圖表和數據，講述了所有細節，忘了說明這對聽眾有什麼好處。美國耶魯大學曾調查過最有影響力的字（見下一頁），其中「You」排在第一名，所以簡報者在訴求重點時，一定要盡可能用「For you」的角度。

因為 & 所以

《簡報聖經》作者傑瑞·魏斯曼（Jerry Weissman）曾說：「大部分的簡報者只想傳達資料，而不是說服聽眾。」要能做精準訴求，必須要有清楚的邏輯，有了「因為」，接下來才能強調「所以」，有了認知

耶魯大學調查最有影響力的字

順位	英文單字	中文翻譯
1	You	您
2	Money	金錢
3	Save	節省
4	New	新
5	Results	成效
6	Easy	容易
7	Health	健康
8	Safety	安全
9	Love	愛情
10	Discovery	發現
11	Proven	證實
12	Guarantee	保證

才能夠訴求，有了著力才能夠施力。

　　而聽眾的「因為」和簡報者的「因為」常常不同。因此用客觀的角度呈現，較能夠讓聽眾理解，常用的訊息傳遞方法有：

客觀的訴求角度

統計數字：透過具體數字呈現事實

專家背書：引用權威人士看法，一般人較會接受

舉出範例：透過案例及證據，告訴聽眾訴求是什麼

有說服力的人常常懂得借力使力，有了相關的說理名言，有客觀的案例佐證，才能進一步帶領聽眾進入簡報者的情境，「因為」已經鋪陳完畢，「所以」就自然地順水推舟，聽眾最終會採納簡報者的建議。

代價＆價值

既然簡報最終目的是要讓聽眾採取行動，讓聽眾因簡報者的簡報而受惠，所以簡報者要以聽眾的角度思考，聽眾需付出什麼代價、會得到什麼樣的價值，並能清楚地描述和對比，讓聽眾有感，覺得划算值得。

例如：簡報是要說服社區全體住戶在大樓屋頂安裝太陽能發電設備。聽眾會想：要花多少錢？會占用多少公共面積？是否會有人因誤觸而發生危險？使用年限幾年？做這件事的價值會省多少電？幾年後回本？對我們的房價有增值的價值嗎？……所以簡報者要以降低代價為訴求，降低聽眾心中的疑慮，並且將價值面倍增，聽眾才有可能同意簡報的提案。很多具備說服力的人會善用「加減乘除」的邏輯，呈現自家公司產品或服務的特色，如何為聽眾創造價值與效益。例如買這項商品可以幾個人用、用多少時間、創造了那些好處、還附加了贈品服務；採購了這樣的商品可減少多少的麻煩、困擾，這樣的代價除以一年365天，一天只要多少費用。透過明確的對比，可以讓聽眾覺得「超值」，因此願意採取行動，更願意馬上行動。

加減乘除法則

＋：價值、贈品、服務
－：困擾、病痛、麻煩
×：時間、面向、人數
÷：時間、數量、人數

感動＆行動

簡報者透過既有數據佐證，加上邏輯推斷來提出理性訴求，也許只能讓部分聽眾產生行動意願。亞里斯多德在《修辭學》裡表示，說服的關鍵是感情訴求，當言辭激起聽眾的情緒與情感，讓對方感到同情、悲傷或憤怒，聽眾就有可能被說服，進而想採取行動。

所以簡報者除了說理，更要動之以情，利用真情流露讓聽眾感動，用真實案例來打動人心。說故事往往能撩起聽眾的熱情，所以簡報者一定要設法為簡報創造故事性與高潮。

人有的時候不容易被說服，但容易被影響。若遇到情感較遲鈍，或是防衛心重的聽眾，情感訴求一時無法奏效，那麼還是得用理性角度慢慢攻破其心防，取得信任。

感動別人之前，必須先感動自己，自己很有感，就能發自內心，不斷強調，進而帶動聽眾。金恩博士在他著名的人權演說上便說了16次「我有一個夢」（I have a dream）。多用正面有影響力的字眼：我們堅信……我們預期……，這些字眼的穿透力會感動聽眾。

2-7 編寫簡報腳本

讀者被交辦簡報任務後，請依照本章的邏輯開始系統思考，先問清楚相關資訊，掌握整體狀況，瞭解聽眾的特性與需求，明確此次簡報的目的與目標。

接下來要擬定策略，發想簡報內容並蒐集資料，把與題目相關的重點都先寫下來，再依照起承轉合的結構分類歸納，針對聽眾的背景與程度組織相應資訊，完成初步的簡報大綱。

再做一件非常重要的動作：把時間做好配置，盡量密度均勻，避免起頭慢吞吞、結尾倉促。一般而言，講解一張投影片的時間約一至兩分鐘，較緊湊的公務簡報往往一張只有一分鐘，所以十五分鐘的簡報可大約分為「起」兩分鐘，「承」五分鐘，「轉」五分鐘，「合」三分鐘。

檢查一下，若內容太多，那麼適度刪減內容，部分內容可當補充資料，增加簡報的吸引力。或是與主辦單位溝通，是否可以增加時間；若內容不足十五分鐘，則再增加內容，一般而言，內容的量要稍微超出簡報的時間，以因應Q&A的不時之需。

最後要規劃簡報腳本，思考15張投影片各要用什麼內容呈現自己的構想；每張投影片播出時要講些什麼，撰寫講稿，精煉用語。

簡報設計範例：竹林養護院募款簡報

背景陳述

隨著老年化及少子化趨勢，老年安養已成為當今的重要社會議題。除了政府推動長照的努力之外，民間養護中心在這股洪流中，致力讓更多長者能怡然適性度過快樂的晚年。

隱身於宜蘭礁溪的私立竹林養護院一心想打破一般人對養護院的刻板印象，力圖維護長輩生活的尊嚴，除了選址在靜謐閒適的田野間，建築設計也盡可能考慮長者的需求和感受，憑藉專業信念默默耕耘，不對外訴諸悲苦、賣弄悲情故事，用有限的資源創造了大型基金會三分之一的照顧能量。現在透過介紹，有機會到扶輪社做一場募款簡報，若能募到善款，相信對院區的長者照顧會有很大助益。

募款簡報並不好做，講得好不好的最直接指標就是募款金額，台

下坐著各行各業老闆，簡報是挑戰，更是機會。若只是介紹園區和老年人安養狀況，對方不一定願意捐款。

我們可依照本書的內容和表格，逐一填寫設計，規劃出含封面、封底約18張的投影片、15分鐘簡報時間的分頁腳本，每一張投影片都分成視覺和聽覺（投影片內容及口述重點），如此雙管齊下，讓聽眾能有深刻感受，也更能達成簡報的目標。我們先來填寫簡報設計表：

1. 事先打聽場合：

場合	OO 扶輪社 O 月份例會
身分	慈善募款的特別來賓
流程	邊用餐邊進行、排在社長後、張董前
時間	O 月 O 日 (星期 O) 下午 13：00-13：15，共 15 分鐘

2. 瞭解聽眾，百戰百勝：

對象	OO 扶輪社社友，都是老闆級獨當一面決策者
特性	態度親和、情理兼具
需求	自我實現、社會認同、節稅
人數	約 25 人

3. 為簡報訂立大綱：

主題	老吾老以及人之老 ~ 邀您一起發揚敬老精神
目的	告知性☆、說服性☆☆☆、娛樂性☆
目標	每人捐款 5-50 萬、整體 500 萬以上
策略	讓大老闆感覺對了、讓聽眾群互相帶動

4. 建立起承轉合架構：

起（2分鐘）	拜碼頭、破題
承（5分鐘）	介紹竹林養護院
轉（5分鐘）	聽眾需求的引發與滿足
合（3分鐘）	請求捐款

進一步完成投影片分頁的腳本：

區分	序號	投影片(視覺)	口述重點(聽覺)
起	1	主題： 老吾老以及人之老	自我介紹 邀您一起發揚敬老精神
	2	大綱：養護院(願)	簡述簡報大綱
	3	您知道嗎： 65歲以上的人口比例	請扶輪社友猜猜看、 互動
承	4	高齡海嘯ING	需要您的珍惜和疼惜(台語)
	5	養護院全景	面對趨勢，希望把養護院做得更好
	6	得獎紀錄	養護院簡介
	7	院友類別	老人需要不同的照顧和陪伴
	8	開心做活動	您手中的手工藝品就是他們的作品
	9	快樂過生活	讓院友快樂，有尊嚴的生活環境

編寫簡報腳本

	10	感謝善款協助	邀您共襄盛舉
轉	11	善款用途	關懷銀髮、銀髮開懷
	12	近年養護人數	我們的照顧成果、未來的挑戰
	13	未來計劃藍圖	我們還有更多夢想
	14	我們需要您的協助	擴大善事
	15	捐款做好事	善心助人、自我實現、企業節稅
合	16	感謝您影片	請觀賞老人家們的感謝
	17	請捐您方便的幸運數字	五萬不嫌少、五十萬不嫌多
	18	竹林養護院祝福您	祝功德圓滿、福慧雙修

最後製作成以下 18 張投影片：

老吾老以及人之老
竹林養護院邀您一起發揚敬老精神

吳芳淑　督導

自我介紹
邀您一起發揚敬老精神

大綱：養護院(願)

1. 高齡化趨勢
2. 竹林養護院簡介
3. 未來服務的展望
4. 邀您一起做好事

簡述簡報大綱

您知道嗎

全台灣 **65歲** 以上的老人
占總人口多少比例呢？

請扶輪社友猜猜看、互動

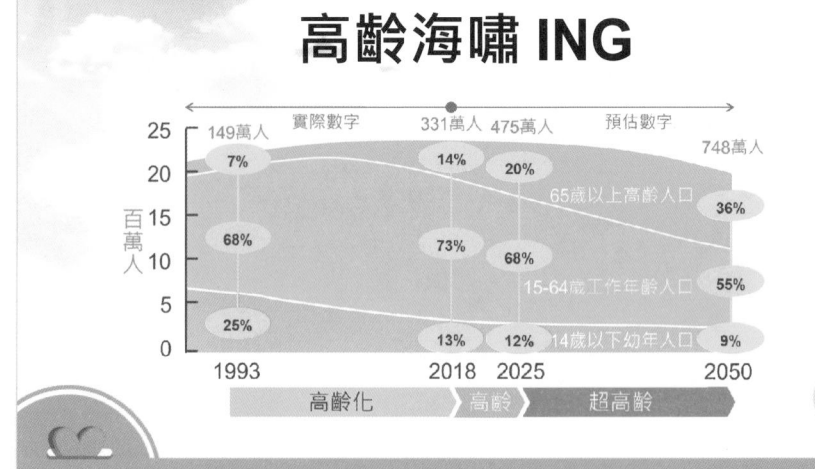

高齡海嘯 ING

需要您的珍惜和疼惜（台語）

養護院全景

面對趨勢，希望把養護院做得更好

得獎紀錄

- 榮獲「2001年、2004年、2007年、
2010年、2013年老人福利機構評鑑」優等獎

養護院簡介

院友類別

生活自理　　　　輪椅輔助　　　　長期臥床

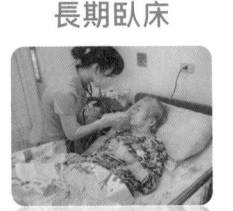
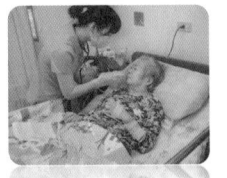

老人需要不同的照顧和陪伴

開心做活動

端午包粽子　　　　打鼓活動　　　　手工藝品製作

包肉粽

您手中的手工藝品就是他們的作品

快樂過生活

讓院友快樂、有尊嚴的生活環境

感謝善款協助

單位	金額
吳晴川	35,000
陳薛玉蘭	20,000
公路總局第四區養護工程處愛心會	10,000
財團法人宜蘭縣佛教會	6,000
新北市中和區同心會	6,000
其餘善心人士捐款	417,162
總計	**494,162**

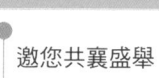

邀您共襄盛舉

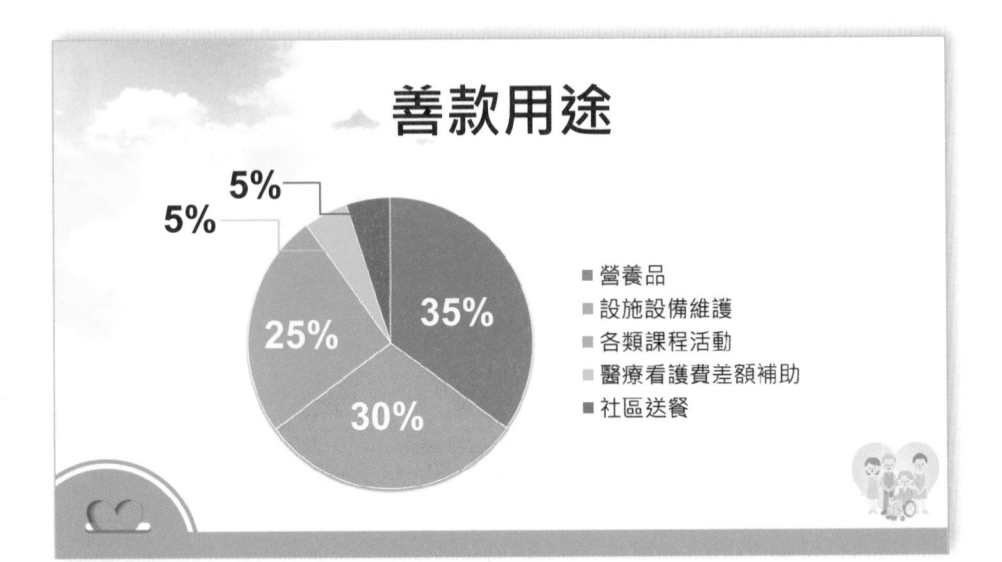

關懷銀髮、銀髮開懷

我們的照顧成果、未來的挑戰

未來計劃藍圖

培育長照人才　　充實復健設備　照顧20戶弱勢長輩

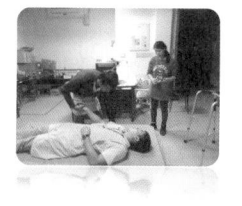 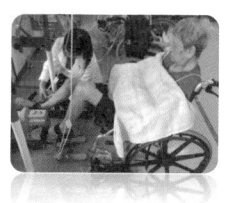 

我們還有更多夢想

我們需要您的協助

項目	金額
專業人員服務費	1,377,000
生活照護設備	1,000,000
教室興建(含教學設備)	600,000
行政管理費	100,000
講師費	38,400
總計	**3,115,400**
不足金額	2,621,238

擴大善事

捐款做好事

善心助人、自我實現、企業節稅

感謝您影片

請觀賞老人家們的感謝

請捐您方便的幸運數字

五萬不嫌少、五十萬不嫌多

竹林養護院祝福您

功德圓滿
福慧雙修

祝功德圓滿、福慧雙修

投影片製作流程

　　很多新手一被賦予簡報任務，就馬上開始挑選與製作投影片。我希望透過這個例子，可以讓讀者理解簡報由設計到製作的完整過程：

投影片設計與製作過程

1. 填寫簡報設計表
2. 完成分頁腳本
3. 實際製作投影片

　　您或許會好奇，您只是想學習如何對主管做工作報告，為什麼要用募款這麼挑戰性的簡報做例子呢？我希望透過這個案例傳達一個設計簡報的核心概念：絕不是講自己愛講的、能講的、想講的，而是要看場合、看對象、看目的。此外，很多對主管報告的最終目標，也是期望主管認同自己的分析說明，支持自己的提案，期望簡報後同意撥預算，與募款是一樣的概念。

　　本書在第5章邀集了8家知名企業的實務案例，這些案例也應用了同樣的投影片設計製作過程，歡迎讀者將基本功盡快準備妥當，未來也能細細品味這些特色案例，提升不同類型簡報的能力，厚植職場的競爭力。

III
製作投影片的
實務技巧

3-1 製作投影片的工具軟體

當讀者規劃好簡報腳本,思考每一張投影片各是什麼內容,也準備相關的資料與圖片後,此時就要使用電腦軟體製作與編輯,設法做出版面清晰、色彩協調的投影片。常用的軟體有下列幾種:

PowerPoint

PowerPoint 屬於微軟 Office 軟體,因市占率高、產品上市時間較長,加上介面設計及選單和職場常用的 Word、Excel 非常相似,因此很容易上手,使得多數人選擇使用,PowerPoint 甚至已成為簡報的代名詞。

PowerPoint 有提供基本母片,事先設定好的背景與文字方塊,初學者可直接套用。相較於其他的簡報軟體,美術層面略顯不足,但因企業內部平台上的相容性與一致性因素,還是被多數人採用。建議讀者自行設計背景與色彩,建立個人風格的投影片。

用 PowerPoint 製作的投影片

Keynote

Keynote是由蘋果公司推出的軟體，適用於Mac OS作業系統，普遍性不如PowerPoint，但隨著果粉越來越多，使用的人數也隨之增加。雖然也可轉存為PPT檔，但容易出現版型錯位或亂碼。

Keynote簡報軟體的版面較為簡潔，操作簡單方便，自由度較高，操作更為人性化，也較為絢麗吸睛，母片多且美觀，美術效果較佳。Keynote同樣提供現成母片和事先設定好的背景、字體，方便選擇套用。

Prezi

Prezi是一個雲端簡報製作網站，可讓個人或團隊合作，在線上共同編輯、儲存、下載攜帶的檔案格式，讓簡報者可以隨時應用，不受場地限制。一般使用者以教育用途註冊帳號後，就可以免費使用。

Prezi打破一般投影片的直線式思維，採用類似心智圖的變焦鏡頭介面設計，擴散性與縮放式的呈現方式，容易在製作時發揮靈感與創意，搭配旋轉等動作，使投影片播放效果更容易引人注目。缺點是中

用 Keynote 製作的投影片

文字體較少，雖然看起來複雜，實際上只要看功能小圖示就知道如何使用，使用上不會太困難。

Google Slides

　　Google Slides是雲端的多人線上編輯程式，可視為PowerPoint的雲端版，也被稱作簡易版PowerPoint。Google的工具清單相當容易上手，並且有高度的分享性、同步性及即時互動性，可儲存在雲端後的任一台電腦，方便進行編修，省去檔案整理備份轉移的時間。

　　若要評比設計功能，Google Slides可能無法與前述幾種簡報軟體相比，但若簡報者的需求較為基本，對投影片的需求是清楚好看即可，並注重於快速製作、便利編輯、好攜帶好備份，那麼Google Slides會是不錯的選項。

用 Prezi 製作的投影片

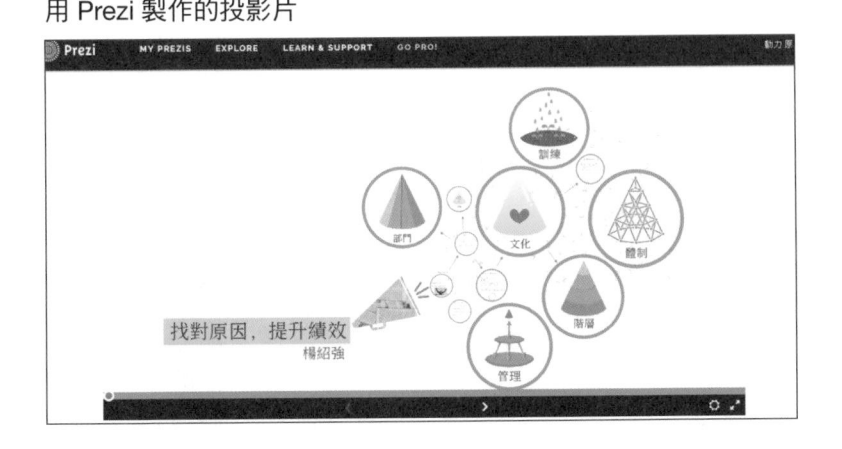

用 Google Slides 製作的投影片

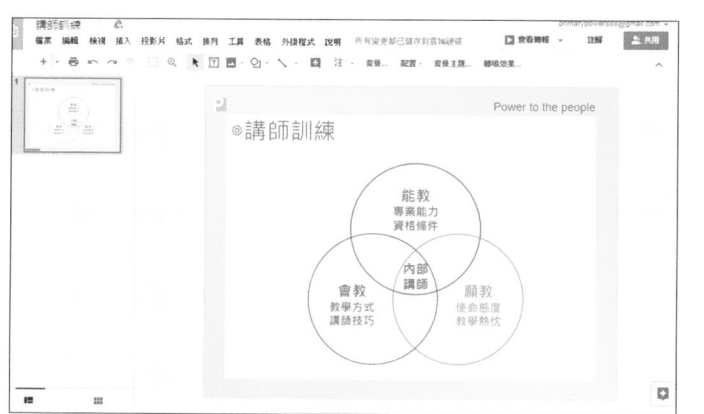

3-2 投影片的基本元素

　　要做出有質感的投影片，必須包含「設計巧思」及「文書排版」兩要素。多數讀者沒有廣告美工背景，也沒有學過設計，要如何設計、製作出美觀的投影片呢？最重要的是一致性與整體感：盡可能讓每一張投影片使用相同的設計元素，再細心排版，讓整體調性一致。

整體設計原則

　　例如：所有頁面設計使用同一套色彩模組，投影片母片、版面配置、字型、字體大小、顏色、線條、插圖風格、頁碼位置，盡可能保持一致，避免第一張投影片字又多又小，下一張卻又空蕩蕩；第三張的標題很大，第四張沒有標題等狀況。

　　對外簡報的風格必須與產業屬性一致，配合公司的公關形象，例如律師對客戶談財產信託，整體應呈現專業嚴謹的風格，若用活潑跳

Tone風格的投影片，反而會讓客戶的信任感打折。對內簡報則要參照主題屬性來搭配設計，像是業績檢討會議，投影片調性最好中規中矩；尾牙活動的討論，投影片設計上可多些創意。

最後，設計投影片時務必要用投影片的「瀏覽模式」檢視整體性與一致性，有整體感與一致性的投影片較能展現專業形象，也能引人入勝，進而打動人心。

透過瀏覽模式，檢視是否版式一致、色調均勻

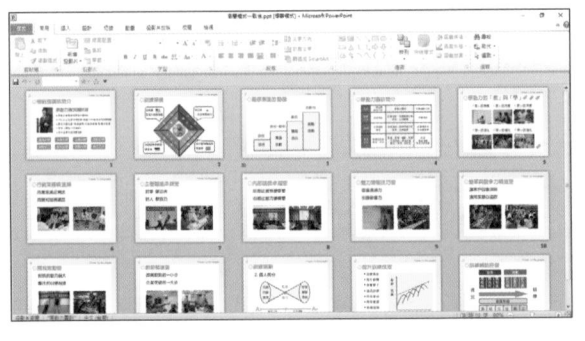

透過瀏覽模式，發現調性不一

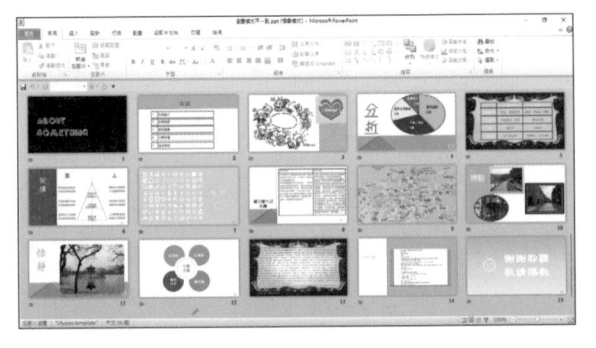

選擇母片背景

專業的簡報母片一定以聽眾為主角，並且挑選符合簡報目的內容、方便溝通的母片。各簡報軟體都有制式母片方便運用，但使用內

建母片除了太過陽春通俗、較無新鮮感之外，還可能與同會議其他簡報者撞衫。所以如果時間允許，在網上下載一些有特色的母片，或用自己設計的母片，呈現的效果較佳。

例如：投資相關的簡報母片背景有金光閃閃的金幣，環保議題的簡報背景有泥土與小樹苗，旅遊簡報背景可看到椰子樹和沙灘。運用照片圖像能襯托並加強簡報要傳遞的意念。此外，投影片放上聽眾公司的Logo、產品或服務，聽眾會覺得親切，並且能感受到簡報者的用心。

照片或圖片貼在空白投影母片上需要調整大小與顏色，或用漸層方法呈現，留意圖片與文字的對比，避免太絢麗的照片與圖片干擾文字。若文字較多，會降低簡報的閱讀性，使得視覺的質感下降。如果仍希望透過照片傳達資訊，可以在投影片切換過場時使用。

另外，母片深淺要參考主辦單位的要求。例如一些科技領域會議會指定藍底黃字或藍底白字的母片；簡報場地的特性也要留意，較明亮的環境使用淺色母片搭配深色字，較暗的環境使用深色背景搭配淺色字，效果較佳。

許多企業或公部門都有現成母片，已請廣告公司或內部美術人員做好一整套視覺系統，從公司名稱、CI、Slogan、Logo，包含母片色系、配置原則和字體，都做好了相關規範，建議讀者直接沿用，符合組織的要求。

母片的版面最好能呈現簡報者的基本資訊，但要留意的是，CI、公司標語、簡報者姓名、簡報日期、著作權聲明，並不是溝通和簡報的重點。這些背景資訊，除了投影片封面、封底外，在每一頁母片上應該適度簡化。

決定版面配置

版面盡可能均衡，避免內容占第一張、第三張投影片版面的十分

之七，第二張投影片只占據十分之一，視覺印象會錯亂。若是文字和圖表數量不足，可以貼上相關的插圖豐富版面，文字圖表排列整齊，看起來也更有條理。

不同的電腦軟體為了因應不同需求，事先都設計了多種不同的版型，可協助簡報者快速將資料輸入投影片內，投影片就做出了基本樣式。也可以透過投影片上的輔助線，將背景劃分成間隔相同的幾個區塊，例如一分為二、四區塊、九宮格，放置文字或圖表，就能維持圖文配置比例的一致性。

最後，運用Crap原則，透過對比、重複、對齊和近似的原則，將版面配置得更清晰：

Crap 原則

對比（**Contrast**）：大小的對比落差要夠明顯才會醒目
重複（**Repetition**）：採用同一套模組，整體性一致
對齊（**Alignment**）：文字置左對齊，視覺起點一致
近似（**Proximity**）：屬性相同的物件放在同一區塊裡

字型選擇

投影片要盡量使用襯線較少、注視度較高的字型，像是中文可選擇黑體與圓體，英文可用Arial或Verdana。這些字型的線條比較平均，容易閱讀，聽眾的視線較能長久留在投影片上，達到良好的溝通效果。

另外，字型選擇也要配合簡報內容。一般而言，公部門偏正式的簡報用標楷體最安全，而行銷或展示用簡報用標楷體就稍嫌生硬死板。新細明體是適合長期閱讀的字，看起來較纖細，也因此少了一些力道。之前華航的彩繪機帝雉號曾使用新細明體，後經票選調整成楷體字，美觀度大幅提升。

帝雉號　　帝雉號

另外要留意的是：簡報是用自己的電腦、還是公用電腦撥放投影片呢？曾看過有人用華康新藝體製作了生動的投影片，或用魏碑體呈現了他認為的內涵水準，只可惜簡報會場的電腦不支援這些字型，特別設計的字型全部變成了新細明體，部分內容還跳行，格式變亂。PowerPoint完成的投影片用Mac系統開啟，也可能會出現字體跑掉的狀況。應用一些較特殊的字型時，如果字型屬於開放版權，建議讀者可以先把字型安裝到公用電腦，再開啟投影片，或是在儲存時直接將字型封存在投影片上。

斜體字不利於瀏覽，也無法凸顯重點；底線與文字間距離太近，雖可強調重點，但也會影響瀏覽的方便，因此不建議使用。

字體大小

一般而言，建議投影片主標題盡可能用40字級以上，次標題32字級以上，內容以24字級以上為佳。若是一頁投影片內容偏多，必須要用到20字級左右，就必須要多留意排版和行距。

另外，字體要與簡報會場大小呈正比，聽眾人數越多，字體也應越大。另外還要考量會場投影機的流明和光線因素，以最後一排聽眾能看清楚為原則。

有人曾問：「老師，我的投影片內容很多，字雖然小，但是搭配肢體語言，可以嗎？」字太小，看投影片會像在做視力檢查，多數聽眾就直接低頭不參與了。也避免直接貼Word檔或是PDF檔在投影片上，尤其PDF檔的一般是9級字，對聽眾而言實在太小了。請永遠記得，聽眾是來「看資料」，而非「讀資料」。

3-3 投影片的文字內容

投影片常常是大小標題的組合，第一張封面呈現主題與簡報者資訊，接下來切換投影片的瞬間，聽眾一般會先看圖，若是文字會先看標題。所以簡報者要利用看標題的瞬間傳達主題與內容，讓聽眾知道這張投影片上的重點是什麼。每張投影片的標題要盡可能由聽眾的角度思考，找到有力量的標題來吸引注意力，並凸顯內容的結構性。

訂定投影片主題

標題不宜太長，最好簡潔有力，以4至9個字來說明。例如：台北市政府勞工局就業服務中心2017年12月份失業率資料。這一串字太長了，可精簡為主標：「失業率統計」，時間「2017年12月」則做為次標，其他的背景資料：「台北市勞工局就業服務中心」不需要在每一頁呈現。

中文報告的標題編號系統有明確規範（如下表），但除了論文與正式書面報告，投影片應盡量避免超過三個層次，讓聽眾失去邏輯性和耐性。

中文的標題編號系統
第一層：壹
第二層：一
第三層：（一）
第四層：**1**
第五層：（**1**）

只寫重點和關鍵字句

　　投影片應盡可能呈現重點，用條列而非敘述的模式呈現，搭配各種圖表的配置，適度留白，不需有標點符號，讓聽眾一眼望去就能掌握投影片的內容。

　　敘述型投影片因為資訊過多、字體偏小，會讓聽眾認為內容太繁雜而厭煩。也因為敘述內容多，簡報者必須跟著唸，造成簡報者必須看布幕，與聽眾的連結下降，雙向溝通變成單向溝通。

透視簡報（敘述式）

透視簡報

　　對內簡報是經營自己的品牌，對外簡報又事關組織的形象，所以每次簡報都很重要。簡報若成功，通常可以期待晉升或嘉獎，或者給聽眾留下好印象；很多組織也透過簡報來評選廠商，因此能否促成一筆大訂單，切入大企業的供應鏈，得到長期龐大的營業額，生意成功與否，就取決在這個重要的簡報展現。

　　有時簡報的重要性，直接由聽眾的頭銜可嗅出端倪，很多和決策相關的簡報，聽眾清一色都是「理」字輩或「長」字輩的人物，除此之外，媒體記者、重要客戶、評審都可能是簡報的對象，面對這些「大咖」的關鍵人物，他們的時間往往非常寶貴，難得一次的安排，搞砸了通常很難有下一次，簡報的重要性更是難以言喻。

　　想一想，這一輩子是否接觸某些企業、組織就那麼一次呢？我們對他的印象是不是也就是那次溝通或簡報？所以每一次簡報，都有可能是最後一次，每次簡報都很重要。

透視簡報（重點式）

透視簡報

01 每次簡報都非常重要
事關晉升、加薪、生意成交或專案成功與否

02 簡報聽眾多為關鍵人物
上司長官、媒體記者、重要客戶、評審

03 簡報有時只有一次機會
失敗難有下次機會，故要讓對方了解並行動

科學實驗證明，人最容易記憶的數量是「三」。所以投影片資訊最好精簡成三項，或以「三」為一組做分類，溝通效果較佳。

一般而言，最適合聽眾瀏覽的投影片行數是三至六行，技術性簡報若內容較多，以不超過九行為主；每行約可容納15個字，必要時調整文字方塊寬度。減少簡報文字行數，也就減少了聽眾眼球掃描的頻率。

用詞精簡扼要

投影片除了要避免敘述式之外，用詞也要盡可能精簡，把投影片的資訊控制適量，聽眾才不會將專注力都放在讀投影片上，反而忽略了簡報者口述的重點。除非是引述名言，應盡量避免將一段或者整串文字放在投影片上，僅要呈現關鍵字或重點句，其他內容由簡報者口頭說明。

所以蒐集內容資訊後，要透過刪除法去除多餘的部分，抓出關鍵字並刪除之乎者也、但是、那個、當……等不必要的連接詞，濃縮句子的長度。例如下面舉例的創意商品介紹，原本20個字分為兩段，精簡後只用一句話、9個字搞定：

創意商品介紹
原來版本：本專案介紹的是環保的石頭紙，最大的特色是撕不破
刪除「連接詞」：專案介紹環保的石頭紙，最大特色是撕不破
留下「關鍵字」：環保石頭紙，特色撕不破
重組文字順序：撕不破的環保石頭紙

很多學員向我反應：「老師，我也想精簡，但是我的主管會不高興，如果我的投影片每一頁只有三個大綱，或是幾個字，主管會認為

我太混了。」如果簡報對象是主管或專家，希望投影片「講義化」，那麼還是需要配合聽眾的需求，但建議盡可能精簡，並且透過排版小技巧：天、地、左、右留邊，適度的行距和分段，顏色及自訂動畫應用，讓視覺瀏覽清晰，並有吸引力。這些技巧我們將在本章節後段一一說明。

3-4 投影片的色彩應用

在投影片上多運用色彩，一方面可讓聽眾容易理解，另一方面可強化自己的訴求。但整張投影片不宜色彩繽紛，五顏六色。顏色太多反而會讓投影片失焦，沒有重點，聽眾也不知道該從何閱讀起，反而喪失色彩應要達到的引導視覺功用。

顏色選擇與搭配

投影片的顏色選擇非常重要，最好由3至5種固定顏色組成，顏色搭配圖解及內容，相同意思的內容要用同樣的色彩。例如：和售價有關的用紅色，成本有關的用黃色，毛利有關的用藍色。顏色統一使用，看起來比較有質感，更專業。

色彩搭配最簡單的方法是運用紅、黃、藍三原色，這是最多人可以接受的顏色，使用上簡單、有效、安全；若第一層三個顏色不夠，可使用第二層：紅＋黃＝橙、藍＋黃＝綠、紅＋藍＝紫。

不同顏色也有不同的意涵與心理感受，我們可以依照投影片的調性，搭配適宜相應的色彩。

顏色的意涵

紅：熱情、自信、活躍、勇敢、行動

黃：朝氣、快樂、希望、祝福、樂觀

藍：沉靜、理性、知性、真實、正式

橙：樂觀、溫馨、緩和、親切、坦率

紫：神秘、高貴、優雅、魅力、尊貴

綠：安全、祥和、清新、自然、環保

黑：莊嚴、高雅、低調、執著、沉穩

白：純潔、無私、資訊、神聖、善良

灰：中立、模糊、沉靜、誠懇、考究

暗色的投影片較不討喜

色彩可標註重點、也較能吸引聽眾的注意

色彩對比選用原則

　　如果母片是淺色，盡量用深色字體，相對的若是用深色母片，則用淺色的字。如同太極的對比鮮明，黑中有白，白中有黑。母片避免灰暗，除了會給聽眾沒有活力的感受外，也會限制了對比的應用。

　　淺色的母片搭配深色的字是較活潑且常見的方式，而運用深色的母片淺色的字，會讓投影片看起來較為冷靜專業。若是簡報時間短，用深色背景可以讓聽眾平靜，快速投入重點；簡報時間長，可以用淺色背景，拉近簡報者與聽眾的距離。

伊登十二色相環

 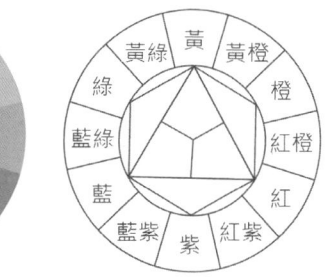

　　如上圖外圈的色相環，黃色和黃橙色是相似色，黃色和紫色則是對比色。母片與內文盡可能用對比色而不是相似色，視覺效果會更好。

都是淺色，沒有對比

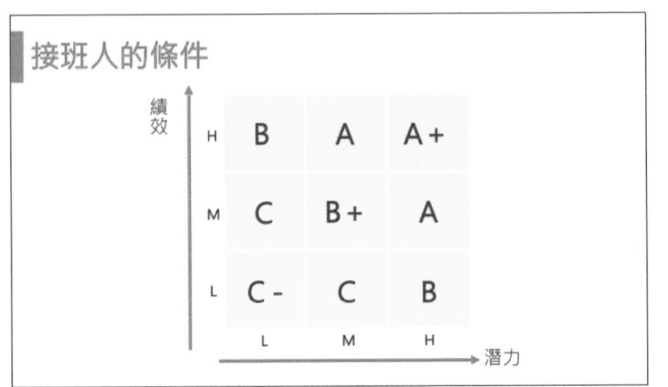

深淺分明，可強調重點

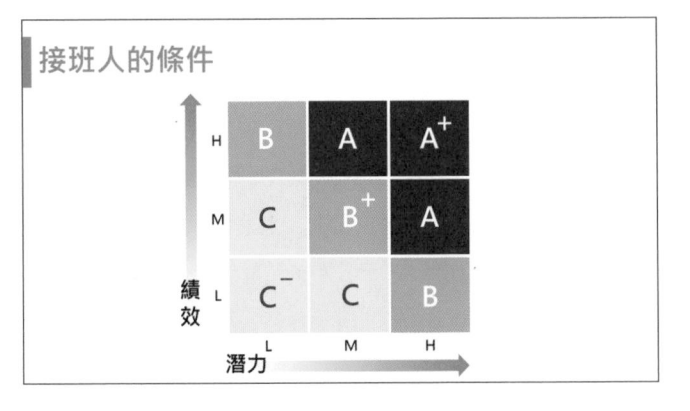

3-5 用數據說話

　　大數據的時代來臨，數據可以讓我們瞭解現象、預測趨勢，以及發展未來的應用。簡報者在投影片中的數據，不只讓資訊呈現由主觀到客觀，提升簡報者的專業信任度，更能吸引聽眾的注意力。

數字方便聯想與記憶

所謂數字會說話，所以簡報者要盡量善用數字做為論證，讓聽眾印象深刻。例如：「這兩個月電費偏高」，可調整為「這兩個月電費50,026元」，「這兩個月電費比去年同期高」，可調整為「這兩個月電費比去年同期高出13.89%」。

投影片中，要以精確的數字呈現，口述時則以接近整數的方式描述，以方便聯想和記憶。例如：「全台灣一年的大學畢業生為228,793人」，口述時可說「台灣一年的大學畢業生約23萬人」。

數字讓事實更有說服力

有時平鋪直敘的說明不如數字凸顯、吸引人目光、震撼人心。例如：「我是個非常認真的人」可調整為「我大學四年沒有任何缺課」；再打個比方：「這是最受歡迎的職場工作粉絲專頁」，可調整為「這是職場工作點閱第一名的粉絲專頁」；加了數字形容，感受完全不同。

沒有數字，就沒有量化

壓力讓人失常

世界盃足球史上進球的壓力

● 在PK大賽中，球員要進球的壓力很大，畢竟贏得獎項是球員們一直以來辛苦練習的目標

● 球員要執行最後一罰，若進球就獲勝，此時若沒踢進也不會輸球，壓力相較比賽時小，也較能有好的表現

● 相反地；若踢不進就輸球，此時球員在全國人民與隊員殷期盼與自己給自己的壓力下，壓力相較任何時候都較大，也較難有好的表現

因為量化更能夠凸顯重點

壓力讓人失常

世界盃足球史上，**PK**大戰的進球率是	**71** %
執行最後一罰踢進就獲勝的狀況進球率	**93** %
而如果踢不進就輸球的狀況進球率只有	**44** %

資料來源：石明謹的瀟灑足球日誌

重點的呈現

省電燈泡

- 這款省電燈泡賣得很好
- 本產品做了大幅度的改良
- 產品很耐用
- 現在買最划算

加了數字形容，感受完全不同

省電燈泡

▼ 這是市占率 第一名 的省電燈泡

▼ 新系列比上一代省 **30%** 的電費

▼ 使用壽命達到 **30,000** 小時

▼ 買 **3** 送 **1** ．現在買最划算

3-6 投影片上的圖表

　　表勝於文，圖勝於表，就像是數字會說話，圖表也會說故事。圖像會幫助聽眾記住簡報內容，表格、各式圖形、圖像等視覺要素，都有助於聽眾在最短時間內掌握簡報者傳達的重點，增進溝通效率。

製作表格的原則

　　圖表標題的位置應前後一致：標題放在表格上方，橫列放分類的變相，直欄則是統計數字，表格中的數字最好靠右對齊，千位以上數字用三位數撇節法，例如：123,456,789；表格中的數值若是以千和百萬計，則可將0省略，並在旁註明單位。同一張表格內的小數位數應保持一致，以方便說明和比較。下頁會以「投資東協金額」的範例說明。透過表格可清楚比較，若運用色彩強調更能清楚呈現。

　　強調比較的概念時，用表格效果較好。請參考下頁「新人決策」的例子：為四位應徵者的各個項目打上分數，填妥加總後便知道誰的總分較高。若是進一步針對工作特性將各因素分配權數（學歷證照1、積極2、實務經驗3、溝通4、創意5、美編6），加權後看總分就知道應該錄用那一位。

　　先製作好基本表格，可將儲存格背景的顏色及框線粗細做變化，或去除縱向的框線，不僅讓投影片的瀏覽性佳，表格看起來也更簡明易懂。

製作圖表的原則

　　先根據資訊內容的邏輯與關聯，選擇適合的圖解架構。在常用的製作投影片軟體中都有選單，點選插入流程圖、循環圖等各式圖表，

透過表格，可清楚的比較

投資東協金額

地區	2012	2013	2014	2015	2016	成長率
泰國	376.20	230.30	101.10	432.00	227.73	-47.28
馬來西亞	56.08	39.94	197.74	297.00	122.19	-58.86
菲律賓	58.54	70.57	67.49	121.28	32.82	-72.94
印尼	487.00	306.53	1565.42	166.68	149.10	-10.55
新加坡	4498.66	158.29	136.77	230.03	1553.88	675.51
越南	235.27	621.92	675.78	1502.98	803.88	-46.51
柬埔寨	97.23	85.17	29.12	47.25	40.17	-14.98
合計	5808.98	1512.72	2773.42	2797.22	2929.77	4.74

資料來源：經濟部投資業務處　　　　　　　　　　　　　單位：百萬美元（US$Million）

色彩強調的表格，更清楚呈現

投資東協金額

地區	2012	2013	2014	2015	2016	成長率
泰國	376.20	230.30	101.10	432.00	227.73	-47.28
馬來西亞	56.08	39.94	197.74	297.00	122.19	-58.86
菲律賓	58.54	70.57	67.49	121.28	32.82	-72.94
印尼	487.00	306.53	1565.42	166.68	149.10	-10.55
新加坡	4498.66	158.29	136.77	230.03	1553.88	675.51
越南	235.27	621.92	675.78	1502.98	803.88	-46.51
柬埔寨	97.23	85.17	29.12	47.25	40.17	-14.98
合計	5808.98	1512.72	2773.42	2797.22	2929.77	4.74

資料來源：經濟部投資業務處　　　　　　　　　　　　　單位：百萬美元（US$Million）

透過表格，可清楚比較

用人決策範例

評比項目／應徵者	實務經驗	學歷證照	技術能力		特質態度		合計
			美編	溝通	創意	積極	
林家豪	4	3	4	1	5	3	20
張筱華	1	4	4	5	3	5	22
陳怡君	3	5	4	4	2	4	22
王大明	5	2	5	3	3	2	20

加權後的表格，更清楚呈現

用人決策範例

項目 應徵者	實務經驗	學歷證照	技術能力		特質態度		合計
			美編	溝通	創意	積極	
林家豪	12/21	3/21	24/21	4/21	25/21	6/21	74/21
張筱華	3/21	4/21	24/21	20/21	15/21	10/21	76/21
陳怡君	9/21	5/21	24/21	16/21	10/21	8/21	72/21
王大明	15/21	2/21	30/21	12/21	15/21	4/21	78/21

選擇合適的使用。簡報圖表必須要精確，各數據與對應單位要標示清楚，使得重點能跳出來；刪除多餘的座標格線與不必要的數據，並利用連接線定義各要素間的關係，最後將圖解架構配上色彩，不只增加美觀，也使重點更加明顯。

　　一張投影片最好只說明一個主題，以一張圖表為限，若兩張或是類似相關的多張圖表放在一頁，就必須應用自訂動畫功能分次出現以免造成聽眾混淆。若是內容複雜，可分成數張投影片解析，或用數張投影片呈現重點，並且將完整資料印製成附件，放在書面資料最後給聽眾參考。

　　此外，也須留意圖表設計的基本原則。圓形要使用正圓形，數值和資料放在圓形的內與外部，面積太小放不下文字時，要使用指引線。構成比例高的項目排前面，其他排在最後面，同時避免用3D圖表，因為3D圖表是歪斜的，不容易看出正確數值。

一張投影片兩個圖表，容易混淆焦點

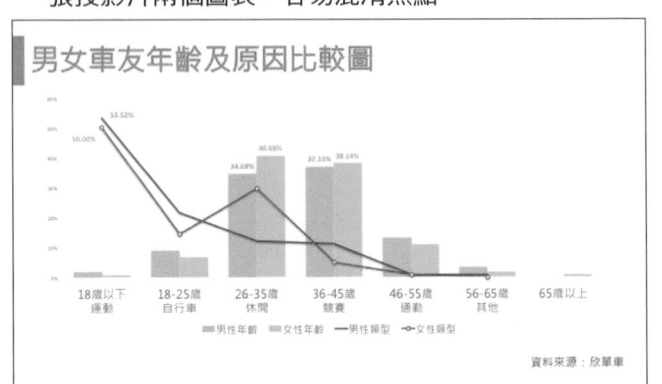

一張投影片一個圖表、集中焦點

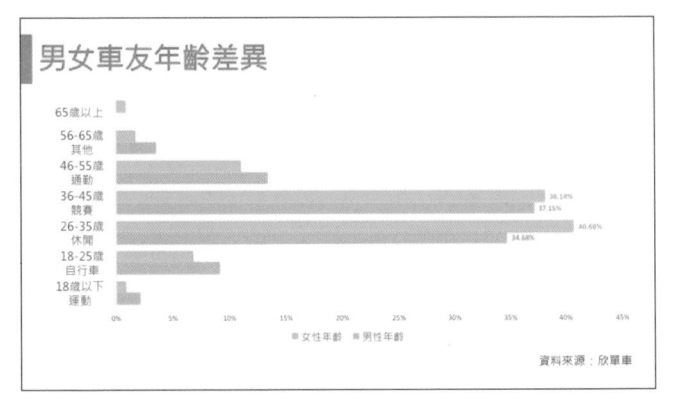

3-7 善用圖解方法

　　有圖有真相！照片能提供比圖案更真實的訴求，傳達更具體的佐證與感受。

注意照片解析度

　　照片沒有人物，印象較為高格調或沉穩；照片有人物，感受較為

親切。建議讀者依據簡報的主題和目的，選擇使用相應適合的照片。盡可能使用接近事實的素材，會傳遞更真實的印象。

在一份簡報的系列投影片中，照片解析度除了要清晰，還需要相似，避免投影片左邊照片非常清楚，右邊的照片卻模糊，對照之下顯得素材的準備不夠專業及用心。若照片來源是年代久遠的低解析度照片，也建議可獨立呈現，並在簡報中向聽眾說明。

插入照片後，可透過提高亮度和對比讓照片看起來更清楚。也須留意照片在調整時要鎖定圖片比例，避免造成照片中的人物或景象被拉長或加寬而變形。另外，投影片上放他人的照片需要留意個資法和肖像權，若是從網路上下載，也須留意版權問題，要在照片下方標註出處。

用圖來說故事

以介紹交響樂團為例，若只是由文字介紹，看完並搞懂硬梆梆的說明，音樂會都散場了；若用樂器的分布圖來說明，就能快速理解。

文字看完，音樂會都散場了

交響樂團介紹

　　本樂團主要由弦樂組、木管組、銅管組和打擊樂組共四大類樂器群組所組成。弦樂組包含了**14**把第一小提琴、**12**把第二小提琴、**10**把中提琴、**8**把大提琴、**6**把低音提琴及一架豎琴；木管組則包括兩支長笛、兩支單簧管、兩支雙簧管及兩支低音管；銅管組由兩支小號、**4**支法國號、兩支長號及一支低音號所組成；最後，打擊樂組包括了定音鼓、大鼓、小鼓、鈸及三角鐵等樂器。

　　位置分配上，弦樂組音色柔美，所以在樂團最前面，以舞台為中心呈圓弧形配置，從觀眾的角度看，指揮的左側是第一小提琴和第二小提琴，而指揮右側則分別是中提琴、大提琴和低音提琴，豎琴的位置會在第二小提琴的後方；接下來，舞台中間、指揮的前方依序是音色豐富動人的木管組、和部分的銅管組，其餘音量較為雄渾嘹亮的銅管組，以及氣勢磅礴的打擊樂組，位置會是離觀眾最遠的區域。

透過照片，更能瞭解交響樂團

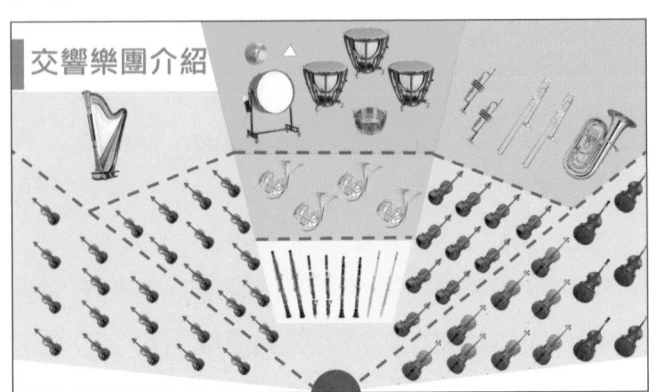

交響樂團介紹

運用插圖讓版面生動

　　善用插圖讓投影片更活潑，讓聽眾印象深刻，好的插圖和文字更可以相輔相成。使用插圖要盡可能在同一張投影片，甚至全部的投影片都使用相同類型的圖案，避免第一張投影片是中國風，而第二張走的是西洋風，或者同一張投影片又有歷史人物，又有卡通角色，插圖解析度也需盡可能清晰一致。

　　如果讀者不擅長繪畫（其實大部分的人都不會），可請朋友或公司廣告設計部門的專業人才協助，或在網路找一些免授權、可免費下載的icon。有時一個巧妙的插圖可迅速將觀點轉化成可見的實體，立即引爆訴求力。

　　下方兩個插圖快速表達了團體和團隊的差別：

團體 vs. 團隊

團體	團隊
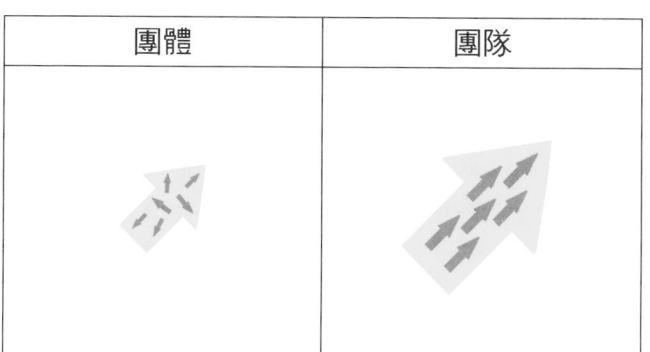	

用表格呈現

不同階段保險需求

	成長期	青年期	中年期	老年期
人生階段	0-20歲	21-40歲	41-60歲	61歲以上
財務需要	意外醫療 教育基金	財富增值 意外定期	累積儲蓄 風險分擔	醫療長照 退休年金

加上插圖更清楚易懂

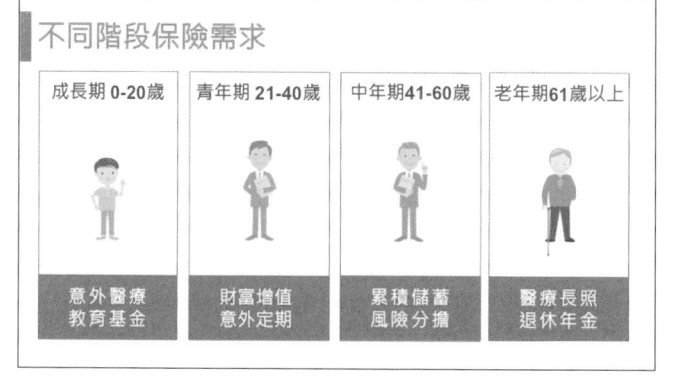

不同階段保險需求

成長期 0-20歲	青年期 21-40歲	中年期41-60歲	老年期61歲以上
意外醫療 教育基金	財富增值 意外定期	累積儲蓄 風險分擔	醫療長照 退休年金

3-8 投影片的動畫應用

　　一張投影片如果同時出現太多資訊，會造成聽眾對簡報內容失焦，所以適度透過自訂動畫可達到較佳的溝通效果。避免簡報者講第一項，聽眾已看到最後一項，讓內容在適當的時間點出現，管理聽眾的注意力。另外，簡報者說到哪裡，投影片就搭配出現到哪裡，除了更靈活、更輔助講解之外，訊息與口語同步，無縫隙的簡報境界，也會給聽眾專業的感受。

用動畫呈現條列式內容

　　一般而言，條列式內容如果在四行以內可以同時出現；若超過四行，文字量多，聽眾無法一眼掌握，就可以運用自訂動畫的功能，減少聽眾眼球掃描的次數，視覺焦點更集中。但是要注意：動畫使用要有一致性，避免第一張投影片動畫由下而上，第二張張投影片由左而右，或是使用過多的過場設計，干擾了聽眾的注意力。

複雜的法律條文讓人望之卻步

營業秘密法：第13條之1刑事責

意圖為自己或第三人不法之利益，或損害營業秘密所有人之利益，而有下列情形之一，處五年以下有期徒刑或拘役，得併科新臺幣100萬元以上1,000萬元以下罰金：

侵害態樣：
一、以竊取、侵占、詐術、脅迫、擅自重製或其他不正方法而取得營業秘密，或取得後進而使用、洩漏者
二、知悉或持有營業秘密，未經授權或逾越授權範圍而重製、使用或洩漏該營業秘密者
三、持有營業秘密，經營業秘密所有人告知應刪除、銷毀後，不為刪除、銷毀或隱匿該營業秘密者
四、明知他人知悉或持有之營業秘密有前三款所定情形，而取得、使用或洩漏者

未遂犯：前項之未遂犯罰之罰金：科罰金時，如犯罪行為人所得之利益超過罰金最多額，得於所得利益之3倍範圍內酌量加重。

運用動畫，先呈現第一部分

營業秘密法：第13條之1刑事責

意圖為自己或第三人不法之利益，或損害營業秘密所有人之利益，而有下列情形之一處五年以下有期徒刑或拘役，得併科新臺幣**100萬元以上1,000萬元以下**罰金：

運用動畫，呈現第二部分

營業秘密法：第13條之1刑事責

意圖為自己或第三人不法之利益，或損害營業秘密所有人之利益，而有下列情形之一處五年以下有期徒刑或拘役，得併科新臺幣**100萬元以上1,000萬元以下**罰金：

侵害態樣	一、以竊取、侵占、詐術、脅迫、擅自重製或其他不正方法而取得營業秘密，或取得後進而使用、洩漏者
	二、知悉或持有營業秘密，未經授權或逾越授權範圍而重製、使用或洩漏該營業秘密者
	三、持有營業秘密，經營業秘密所有人告知應刪除、銷毀後，不為刪除、銷毀或隱匿該營業秘密者
	四、明知他人知悉或持有之營業秘密有前三款所定情形，而取得、使用或洩漏者

運用動畫，呈現第三部分

營業秘密法：第13條之1刑事責

意圖為自己或第三人不法之利益，或損害營業秘密所有人之利益，而有下列情形之一處五年以下有期徒刑或拘役，得併科新臺幣**100萬元以上1,000萬元以下**罰金：

侵害態樣	一、以竊取、侵占、詐術、脅迫、擅自重製或其他不正方法而取得營業秘密，或取得後進而使用、洩漏者
	二、知悉或持有營業秘密，未經授權或逾越授權範圍而重製、使用或洩漏該營業秘密者
	三、持有營業秘密，經營業秘密所有人告知應刪除、銷毀後，不為刪除、銷毀或隱匿該營業秘密者
	四、明知他人知悉或持有之營業秘密有前三款所定情形，而取得、使用或洩漏者

未遂犯 前項之未遂犯罰之  科罰金時，如犯罪行為人所得之利益超過罰金最多額，得於**所得利益之3倍範圍內酌量加重。**

基本動畫包含了投影片的切換，及一般內容文字的呈現，以微軟 PowerPoint 2016為例，裡面有各式預設的動畫效果。以「進入」的效果為例，基本有16種，區別的有4種，溫和的有9種，華麗的有11種，共40種動畫選擇。簡報者可依照主題、對象及內容，彈性選擇和應用。

用動畫呈現流程圖

除了投影片切換和文字呈現等基本自訂動畫外，讀者可適度穿插一些變化，讓簡報過程多些新鮮感，效果也更醒目。例如解說業務流程這種有方向、有步驟的投影片時，用動畫就能讓聽眾更容易理解，物件可在投影片中隨著自由設定的路徑移動，讓聽眾更清楚整個步驟和流向。

另外，可以透過變更色彩、賦予變化來突出投影片的重點。例如已經出現過的部分變成半透明，正在講解的部分是彩色。這樣投影片更有活力和層次，視覺引導也更清晰專業。

各軟體都有非常多的進階變化，建議讀者在平時試用每個選項，變更速度、變更結束方式、穿插音效等效果，投影片的呈現將更為絢麗。當然，這些動畫可能是加分，也可能是扣分，增加的活力和樂趣會讓聽眾覺得有趣，但也可能因此干擾了聽眾的注意力，或認為簡報者不夠專業，所以適度拿捏是很重要的。

複雑的流程圖可善用自訂動畫

運用動畫，先呈現第一部分

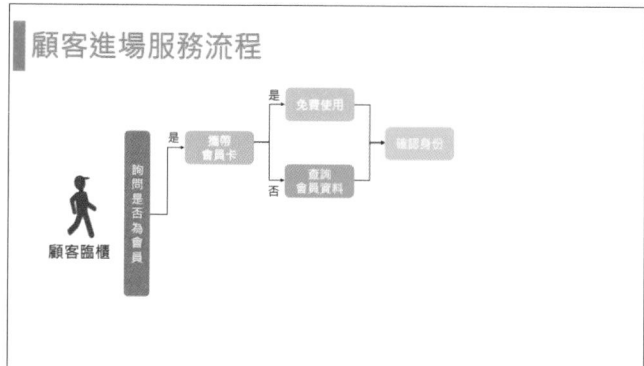

運用動畫，呈現第二部分

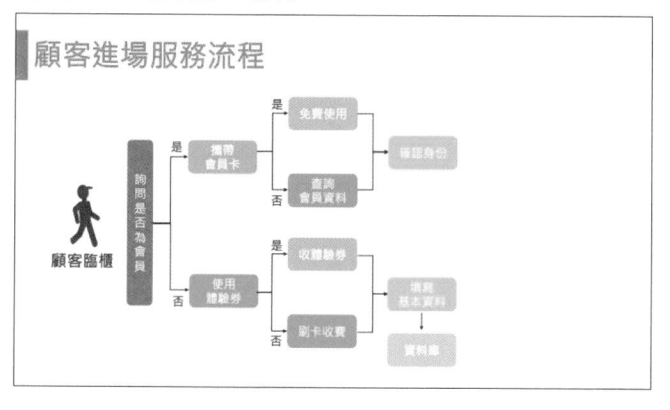

運用動畫，呈現第三部分

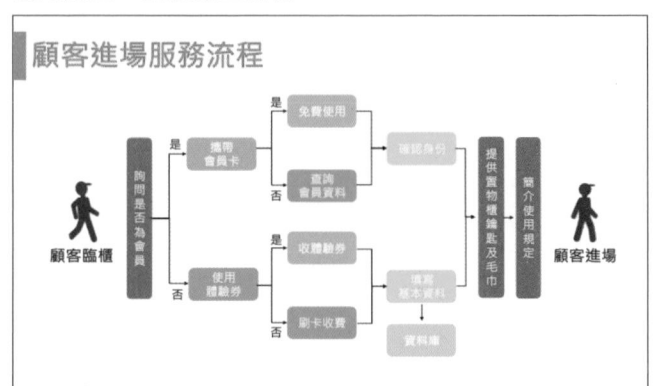

顧客進場服務流程

3-9 可應用的影音多媒體

人很容易被聲、光、色吸引。當簡報者站在台上，運用生動的多媒體簡報檔來輔助說明，除了增添簡報的豐富度，還能提升簡報者專業度，更重要的是，吸引台下聽眾的注意力。

音效應用

第一個常用方法是：在自訂動畫中設定動畫效果，設定播放動畫時，同時出現預設的聲音，例如：鐘聲或雷射聲音。

也可以在投影片插入超連結，連結電腦中的音樂，或是自己錄製的聲音，有時會有畫龍點睛的效果。若是簡報者引用市長的名言，直接撥放一小段市長的聲音，想必讓聽眾精神一振並會心一笑。

一般電腦支援幾種常用的聲音格式，例如mp3、mid、wav等等，簡報者需先確認連結的檔案格式是否可順利播放。另外，若會議安排了連續幾場簡報，簡報者在上台前要留意，之前的簡報者是否將電腦

音效設定成靜音、調得太大聲、或是調得太小聲。

影片連結

在簡報的過程中，若是連結一段影片，更能吸引聽眾的目光，透過影片的陳述和效果，也更能強化簡報者要描述的重點，並增加簡報的豐富性。

若播放的視訊檔案較大，簡報者必須留意電腦CPU的運算速度，有沒有足夠的主記憶體。在操作時也要盡可能順暢，請同事協助按播放，並有人協助關燈，一氣呵成，避免中斷簡報的節奏。若是連結YouTube上的影片，除了要留意網路頻寬，避免連結出錯之外，可將影片事先下載，採取超連結的方式，以免YouTube在影片播放前穿插不相干的商業廣告，干擾了聽眾的注意力。

有些企業簡報室配置了高端的多媒體輔助工具，像是3D投影特效，甚至是虛擬實境的設備。這樣的環境將讓簡報變得更豐富與絢麗，也讓聽眾有更震撼的臨場感。

3-10 播放的器材道具

簡報場地不同，呈現的樣貌和氛圍也不一樣。常見的簡報場地有下列四種：第一是會議室，較小的場地加上長方形的會議桌，聽眾較能聚焦，簡報氛圍也偏正式；第二是教室，座位通常是排排坐，適合訓示、宣導和教學，此種模式可增加簡報者的權威；第三種簡報室，馬蹄型座位較適合研討、展示，並可增加共同參與的氣氛；最後是交誼廳或大禮堂，大型的螢幕和舞台、聽眾多，考驗簡報者的場控能力和影響力。

場地的燈光與音響

　　無論是哪種模式的場地，簡報者都需確認設備符合自己的簡報需求，務必在簡報前做好場地的勘查瞭解，尤其是需要多媒體設備時，簡報前的測試非常重要。很多人習慣在簡報時關燈，但是許多重要觀點會在黑暗中黯然失色，也容易讓聽眾昏昏欲睡。建議簡報前測試場地的燈光分布，若投影機流明度夠高，觀眾看得清楚，就不必關燈，或是只關掉投影布幕前方的區域。

　　在小型會議室簡報可以不使用麥克風，除了較為自然自在，大聲說話也能平息緊張的情緒；但若會議室較大，或聽眾指定，使用麥克風則是一種尊重，也確保能讓聽眾聽得清楚。請在上台前做好音量測試，也留意會場喇叭的位置，避免自己的站位太靠近喇叭而發出刺耳的高尖音。若是麥可風固定在會議桌上，如果可以的話，建議將麥克風打開並豎直，站直大聲地講，避免因為將就麥克風而讓自己綁在前方，失去了肢體語言的影響力。

用電腦或平板播放

　　對於視覺設備而言，目前最常用的還是將桌機或筆電的投影片輸出到投影機，所以簡報者應提早到達會場，確認視訊接頭、視訊線是否相容。除了自備電腦外，將自己的簡報檔存在隨身碟或雲端上，必要時快速下載，使用會議室原本的電腦器材，可避免不同電腦不同接頭串連的風險。

　　隨著科技日新月異，也漸漸常見到用平板、行動裝置簡報。平板裝置除了比一般筆電更容易攜帶，拿在手上的負擔較小，簡報者可以一手托著，用另一手直接觸控操作，除了讓簡報者如虎添翼外，也符合企業用平板取代紙本、用觸控取代翻頁的會議趨勢。

也有部分的簡報場地採用電子白板，結合投影機與電腦，提供簡報者近似白板的工具，利用感應器操控電腦，使簡報者能透過投影機，直接使用網路及工具軟體等資源協助說明，除了可以在資料上註記、書寫及繪圖外，還能同時與電腦資源連結，以數位的方式記錄存檔，供簡報完畢後印製。

3-11 簡報必備小工具

無線簡報器

簡報者最適當的站位不是電腦前，而是聽眾可以同時看到自己和布幕的位置，此時電腦和滑鼠往往伸手遙不可及。運用無線簡報器就能遙控切換投影片，協助簡報者做好投影片與口語同步，更加拉近與聽眾之間的距離，讓簡報更順暢。因此，無線簡報器已是專業簡報者不可或缺的配備，讀者若是常常有簡報的需求，建議自行購置，增加對按鈕的熟悉度，臨場應用會更為順暢。若使用會場提供的無線簡報器，也建議在上台前能稍加熟悉，避免在簡報時誤觸按鈕，放錯投影片，干擾聽眾，也讓自己的簡報流暢度扣分。

投影筆、雷射筆

為了強調重點，很多簡報者會用小型雷射筆，或是無線簡報器上的投影筆功能。建議簡報者只有在重點才使用，若是簡報從頭用到尾一直用紅色或綠色的光點指向螢幕，次數太多造成本來是重點，最後全部不是重點。也提醒讀者，使用投影筆要盡可能穩定指在要強調的區域，避免隨興畫著圓圈，或者快速移動，讓台下的聽眾頭昏眼花，感受不佳。

白板、簡報架

除了投影方式之外，也有簡報者運用白板或是簡報架，把投影片之外的資訊補充給聽眾。建議使用前要多練習書寫方式，免得寫得太難看或畫太醜，字體大小也要注意需讓後方聽眾看得見，且擦拭白板的次數要越少越好。部分會場簡報架夾上的白報紙，寫過的可以掀到後面，要查看比對時再掀回來，但兩者都不適用於大型場地。

演示用的實際道具與產品

另外，眼見為憑，聽眾若能看到真實的道具，效果會更好。例如宣導滅火器使用步驟「拉拉壓」，簡報者除了說明，現場讓聽眾親身操作，宣導效果一定會更好。若是簡報行銷產品：防火建材的效益，除了相關證據、代價價值的分析外，在現場直接帶著樣品和火焰噴槍讓聽眾測試，效果更會讓人印象深刻。

轉接頭、備用電池

最後，這些電子類器材若不是用電線插頭，就是用電池，也建議讀者要準備好三孔轉兩孔的轉接頭及備用電池，以因應不時之需。

3-12 為聽眾準備書面資料

為了讓聽眾能夠完全理解簡報者的說明，除了投影片外，提供書面資料是不錯的方法，可方便聽眾思考、筆記重點和記錄問題，尤其內容是較複雜的工程技術或財務表格時，清晰的資料更有助聽眾理解。

確保品質

建議書面資料以清楚易讀為原則,並將兩張投影片印製成一張,效果較佳。

簡報若是重要的場合和對象,建議選用品質較好的紙張,並且用列印而非影印的方式,確保每份書面資料的品質。若是一般性簡報,基於成本考量,用灰階影印呈現彩色圖片也須檢視是否清楚。橫式投影片在左上角傾斜45度裝訂,或是整份膠裝以求美觀,避免花了數小時準備製作,最後因為書面資料粗糙,破壞了好印象。

發放時機

書面資料的發放時機可在簡報前或簡報後。若是較正式的場合,一般都會簡報前發;如果簡報的資訊較少互動較多,可將資料設計成填空、互動式,或是先告訴聽眾:在會後會提供完整的書面資料。簡報時聽眾會因此多關注前方的說明展示,比較不會眼光一下子轉移到簡報者,一下子轉移到書面資料,讓彼此的溝通互動打折。

IV
泰然自若
的即戰力

4-1 事前充分準備

各位讀者現在開車上路會緊張嗎？若是會緊張，是否因為開車的次數還不夠多呢？開一次有一次的經驗，開兩次有兩次的歷練，開過一百次甚至一千次後，保證不會緊張。簡報也是一樣，一回生、兩回熟，當經驗和次數累積到一個數量後，危機處理的經驗及見多識廣的信心，會轉化成上台的大將之風。

當簡報者對自己的內容、投影片百分之百熟悉，臨場就有百分之百的空間關注聽眾並互動；相對的，若簡報者對自己的內容、投影片熟悉度只有百分之五十，在台上就比較會緊張，且只有百分之五十的心力關注聽眾，因為要一直看著布幕，關心自己要講什麼，會不會講錯等等。

熟記投影片內容與流程

建議簡報者在上台前務必熟記投影片，對起承轉合順序及內容越熟悉，上台就更自信、更從容。

在本書第1章就建議讀者，上台前先對著錄音機練習，抓出贅詞和口頭禪，除此之外，從聽錄音中找出不順的環節，並調整用句。試著完整簡報一次，透過計時，確認自己的講話速度是否能在時間內精準結束。若時間過長，就要刪減部分內容或濃縮；若時間不足，則重新檢視架構內容，確認哪些部分可以加強補充，練習的次數越多，整體的掌握度一定會更佳。

實務演練

周杰倫演唱會前一天晚上會做什麼？即使像周董這樣的A咖都一

定會彩排，更何況不是常常上台的人，就更需要多實務演練了。若下週四下午兩點要對長官講一場重要的簡報，如果時間和場地許可，建議讀者在下週三甚至下週二下午兩點，就在簡報的會議室練習，讓自己更熟悉會議室的舞台站位、儀器設備，還有下午兩點的生理時鐘，實際預演能降低臨場的不確定感，絕對會讓正式簡報表現得更好。

當簡報者「自己」練習到一個程度之後，「有聽眾」的演練更為真實，更像是臨場實務的簡報。因為同事對場合及內容也會有基礎的瞭解，所以對同事練習的效果最好，演練後務必請同事回饋，自己有哪些實際的優點和特色，不僅是肯定打氣，也設法進一步將這些強項發揚光大。

另外，也要請同事建議可精進的部分，像是投影片的字太小、數據未更新等，在上台前都要趕快修正改善。而表達技巧的慣性，有時無法馬上修正，例如簡報者會一直講的口頭禪「我認為」。若簡報者的慣性太強，請同事扮演聽眾時用較強烈的方法回應，簡報者只要一講「我認為」，聽眾馬上舉起一個打叉的看板，讓簡報者印象深刻，這樣比較能打斷慣性，進而修正改善。

4-2 克服緊張情緒

很多簡報者在台下和台上的表現判若兩人，在台下「一條龍」，有說有笑，一上台身體就不聽使喚，不斷抖動，說話結巴，臉部漲紅，甚至腳不斷踱步，怯場緊張的負面情緒讓自己失常失態，在台上變成「一條蟲」。

提早到會場熟悉環境

簡報會緊張，主要原因有對事和對人。對事常常是因為準備不夠充分，以及對場地和環境陌生。所以除了反覆練習之外，建議在簡報前提早到達會場，降低交通或突發狀況的風險，也熟悉場地與環境，測試麥克風、燈光音響、投影設備和無線簡報器，一切就緒會讓自己更篤定。

對人則是因為對聽眾陌生而感到緊張。所以提早到簡報會場，和聽眾交換名片、打招呼和交談，多瞭解聽眾的背景以及對簡報的期待，彼此交流一下，會緩和緊繃的情緒。台下的聽眾或多或少都有自己認識或熟悉的人，也會有較為友善或是對自己支持的朋友，若發現自己有些緊張，可以看看這些支持自己的人而轉化緊張的情緒。

相信自己的專業

也有部分的簡報者，因為眼神掃到高階主管或是不友善的聽眾而被打亂節奏，所以在上台前也要告訴自己：無論台下的聽眾是董事長、執行長、院長、部長、還是校長，他們對這個議題的熟悉度不若自己，這份投影片，我比其他人都熟，相信自己的專業，做好心理的建設。

另外，在簡報中若是真的有些緊張，可輕輕咳嗽，跟聽眾說聲抱歉，然後藉機喝水，給自己三到五秒轉換的空間，藉由深呼吸、放鬆，或者轉念等的過程，再次掌握自己，穩定情緒再出發。

自我暗示

不緊張其實只是低標，讓自己談吐大方、散播正面影響力才是重點。建議在上台前先做好心理建設，運用自我暗示的方法，閉著眼睛告訴自己：我相信我可以、我的內容很有價值、我要讓聽眾滿載而歸，內在的信念更篤定，流露出來的正面能量也就越多。

改變動作轉換心情

另外，上台前找個沒人的地方（例如化妝室），除了深呼吸調息放鬆之外，對著鏡子笑一笑，讓臉部肌肉動一動；也轉一轉手臂，震一震肩膀。暖心、暖身、進而熱身好，讓自己蓄勢待發，一上台就會有最佳表現。

各位讀者，您是否看過一些行業一大早要做早操呢？動一動、做操，甚至唱歌唸信條再開門做生意，因為微笑和「能量」準備好，顧客一上門就覺得服務好、自己是貴賓。簡報也是一樣，下次上台前把自己的狀態調好，情緒拉高，臨場的影響力一定更好。

4-3 可能的突發狀況

沒有人知道臨場會遇到什麼狀況。所謂有備無患，事前做充足準備，想好可能發生狀況的應對之道，實際發生時就能輕鬆應對。我在這裡整理出常遇到的突發狀況，供讀者參考：

時間被迫縮短

時間臨時被縮短是個較棘手的問題，像是主管臨時有更重要的行程稍後必須離開，因此要求簡報時間縮減為五分鐘。而簡報者已經準備了完整的內容與投影片，臨時被刪減時間想必很難有充足的說明與表現。若是在簡報開始前被通知，可將投影片另存新檔，依據調整的時間長短及投影片的重要性，適度刪除再製。

若是在開始後才臨時被告知，也需快速應變：「是，副總指示簡報從原有的十五分鐘要濃縮為五分鐘，所以我會跳過部分的投影片，只講最關鍵的部分……」，講話速度也需要比原來的速度快。

現場看的是簡報者的反應，以及對投影片的熟悉度。而最好的方法還是在上台前先預想：「若是時間被縮短，我該怎麼辦？」「若只講五分鐘，該講哪幾張？」事先想過，臨場遇到時會反應得更好。

機器故障

簡報進行中，若不巧遇到投影機故障等情事，建議先看著最高主管聽候發號施令，很可能因為行程滿檔或會議時間有限，主管直接指示繼續，所以簡報者必須在上台前做好練習和準備。萬一投影機無法使用，聽眾看不到投影片，自己要如何透過表達加上聽眾手上的書面資料完成這場簡報。

若時間不至於太趕，或是自己可以主導時，可請主辦單位或同事協助準備備用的機器。在這段時間，簡報者應主控全場，同時請聽眾參閱書面資料，避免因為突發狀況而自己緊張，讓聽眾失去焦點，開始閒聊或抱怨，造成場面混亂。

關於簡報者須具備的機器常識，在本書前面的章節有提到，也建議讀者平時多充實簡報時會用到的電腦、平板、投影機及輔助器材的相關知識，對臨場應變也會有幫助。

手機聲響

簡報中突然冒出手機鈴聲，往往會干擾全體聽眾的注意力，更打斷了簡報者的節奏。那是誰的手機在響呢？如果是高階主管或是重要來賓，建議簡報者要暫停並謙恭微笑看著長官，長官若示意暫停，則暫停等長官說完；若長官示意繼續講，則繼續。

若是一般聽眾的手機響，建議可用幽默的方式回應，例如：「唉唷，老天打電話來提醒大家手機要關靜音喔！」聽眾忘了關手機，場面已有些微尷尬，簡報者應幽默化解，而非擴大難堪的程度。

如果是自己的手機響，那真是對聽眾不禮貌了。建議馬上關掉手機，並且要向聽眾說聲抱歉或對不起。簡報者在上台前應確實檢查自己的手機是否已關靜音，避免造成以上的狀況。

聽眾打瞌睡

聽眾會用打哈欠，甚至是睡覺來表達無聲的抗議。治標的方法：簡報者加大音量或是製造些聲響來影響睡著的聽眾，或是透過提問請聽眾回答，讓更多聽眾互動與發言，睡著的聽眾往往就睡不下去。

但須留意的是，避免點睡著的聽眾回答問題，因為這樣會造成尷尬和聽眾的反撲，對整個簡報不但沒幫助，反而會有負面影響。

聽眾為什麼會打瞌睡呢？很顯然，一定是簡報者自己的元氣熱情不夠，或是內容枯燥，或是表達的節奏太慢等種種原因。治本的方法是，簡報者要投入更多的熱情，並多些抑揚頓挫、雙向互動，增加簡報的生動與活潑，這才是根本的關鍵。

聽眾交頭接耳

若是主管或重要人物在簡報中交頭接耳，相信簡報者不大方便做任何處理，或許喝口水讓會場安靜幾秒鐘，讓高階主管發現自己現在干擾了簡報會場，是否該暫停與旁邊的人說話。

若是一般的聽眾一直私下交頭接耳，可暫停做簡報，並目視交頭接耳的聽眾，自覺性較高的人往往會自己停止；若交頭接耳的人仍然繼續說，有時鄰近聽眾會跳出來提醒：「聽前面！」或是「不要再說了！」

如果簡報者暫停，可是少數聽眾依舊交頭接耳，可以微笑看著他們並說：「抱歉，我沒有講得很清楚嗎？」用這種柔性方式給交頭接耳者一個台階下，場面較不會難堪。聽眾若一直交頭接耳，簡報者一定

要打斷，因為兩個人在講話，若沒有被打斷，沒多久兩個變四個、四個變八個，像菜市場一樣，場面就失控了。

聽眾抗拒或公然挑戰

若簡報者因議題敏感，或是立場與部分聽眾明顯對立，最糟糕的狀況是聽眾現場拍桌或大聲嗆聲，想必場面一定很難看，此時應避免動怒，保持自己的風度回應：「謝謝您的高見，非常謝謝！」有時別人一拳打來，拿盾牌力抗、回拳都不是好方法，若能用棉花或軟墊，吸納對方的力量最好不過。

若是聽眾還是繼續挑戰，可回答：「您的意見非常的好，抱歉我們今天因還有簡報內容要向大家說明，待Q&A時間再回答您的問題。」簡報者要為整場負責，若因少數人的挑戰而打斷了整體的簡報並不理想，若聽眾仍繼續找碴或叫囂，可以請同事帶對方到貴賓室私下溝通，特殊問題應私下處理。

簡報常常是定案後的正式發表，如果定案前的溝通不足，造成聽眾最後仍會質疑或抗拒，這樣會非常可惜。建議定案前與相關單位多溝通，確認執行策略和跨部門間如何搭配，事前先有共識，上台就只要說明細節，較不會有被挑戰的情事發生。

無論如何，當有突發狀況或意外發生時，請接受這個事實，並且穩住場面，冷靜應對避免驚慌，試著用幽默或自嘲的方式化解尷尬，然後繼續完成簡報。

4-4 如何回應臨場問題？

一般而言，簡報者有三種回答聽眾問題的時機，最好在簡報一開

始就向聽眾說明Q&A的原則：隨時發問、在Q&A時段發問、或者在簡報中間段落提問。

說明 Q&A 時間

第一種是簡報進行中，聽眾直接打斷提問。這種情況常常是時間有限的高階主管，或是性子比較急的人。若問題不需花太多時間回答，此時可以立即答覆，展現自己的專業。若聽眾不斷發問，需要較長的時間說明，或是問到之後會講的內容，簡報者仍須耐心聽完，並說明會在Q&A時間回答，或告知對方問題的答案會在稍後的投影片中提到。

一般會建議把問題留在Q&A時段，比較不會打斷簡報的流暢度，且聽過完整簡報後，聽眾已對全貌有所理解，此時再針對細節補充說明。若簡報時間較長，可在主要段落結束後暫停一下，開放聽眾發問，先處理階段性的問題。

若提問過於踴躍，可委婉說明由於時間關係，只能再接受最後三個問題，若有問題需要較長時間解說，可先簡短回答，並表明在會後可留下來進一步討論，避免影響其他聽眾的時間和權益。

回答問題的原則

當聽眾提問時，簡報者需專心、耐心地聆聽，然後明確、有條理地回答。一般而言，在提問之後直接回答效果較佳。若讓聽眾先把問題全部提出，記得做筆記，避免遺漏了部分問題。

簡單的問題可直接回覆，若問題較複雜或有難度，建議先重述對方的問題或請聽眾再說一次，確認自己確實瞭解對方的想法。回答時可說「這是一個非常好的問題」，或是「這部分真的非常重要」，除了肯定聽眾，也為自己爭取幾秒的思考時間。

簡報者在重述問題時，除了複誦，還可以稍加轉化、重新定義，例如當客戶問：「你們的快遞價格為什麼比別家貴？」若簡報者重述客戶的問題：「我們的快遞價格為什麼比別家貴？」是偏負面的回應，「讓我為大家說明價格的結構」是中性的說法，「您想要瞭解我們的旋風專案？」可順勢將問題轉化成新的契機。

重述和回答問題時，除了要目視提問者，也要將目光移向其他聽眾，避免兩人間的互動讓其他聽眾被忽視冷落。

被問倒了怎麼辦？

被問到一個自己無法回答的問題，例如自己不會，或忘記了，簡報者可微笑地說：「這是一個非常好的問題，您認為呢？」或是「這是一個非常好的角度，大家有什麼高見？」透過反問或是把議題拋出來的方式，有時就陰錯陽差地獲得了答案。

如果真的不懂，絕對不要打腫臉充胖子，萬一被台下聽眾硬是戳破了氣球，那反而更尷尬。建議回答：「很抱歉，第三季最新的數字仍在統計之中，請留下您的聯絡方式，我們統計好，會盡快為您說明。」只要態度誠懇負責，聽眾一般都會接受這樣的回答。

在台上被問倒會影響到自己的可信度，聽眾會認為自己不夠專業，或是對業務不夠熟悉。所以上台前最好事先熟記與簡報內容高度相關的數字（例如市場規模、營業額、市占率等等），並預期任何會被詢問的問題，先做好準備，無法回答問題的機率就會大幅降低。

V

對任何對象
做簡報

對象 1：對主管報告建議

　　職場中有非常多的機會要向主管做簡報，例如：部屬對主管進行工作成果的報告，或針對某項問題找出原因、並提出解決的方案，或是針對交辦的議題提出分析與建議，相信每位上班族對於這種類型的簡報都不陌生。

　　基本上，主管的制高點較高，較在乎大局方向與策略面的思考，關心績效成果勝過執行面的細節。所以對主管報告，要盡可能拉高自己的視野，用主管的高度來思考主管的需求是什麼。在報告時，最好能依照「結論→理由→意見」的順序，內容組織得更簡潔、有條理，反倒是部屬自己正在處理的細節，或是無關緊要的作業面問題，則應盡可能省略。

　　因為主管的職位較高，而且是打自己考績的人，所以報告的過程需要多些尊重。不同性格主管關注的重點常常不同，有的主管喜歡書面溝通，注重資訊的詳盡與否；而有的主管喜歡口頭報告，要速度快、抓重點講，所以部屬也要盡可能配合主管的個性來溝通。另外，可預期的是，主管很可能會打斷自己的簡報提問，所以部屬也應在簡報前先思考，主管可能會提出的問題並先做好功課。

　　接下來，我們透過企業的實際案例，讓讀者瞭解對主管報告建議的重點：

企業實例：國泰投信

所謂「人不理財，財不理人」，隨著國人理財意識、理財需求愈顯成長的今日，各種理財產品也應運而生。其中指數股票型基金(Exchange Traded Funds, ETF)，因為具有交易方便、成本低廉、透明度佳等優點，成為這幾年投資工具的新寵。各基金管理公司也積極引進符合趨勢的海外指數，滿足投資人多元的理財需求及資產配置規劃。

國泰投信是國泰金控百分之百持股的子公司，以傲人的投資研究團隊，結合金控豐富、即時的資源數據，以嚴謹專業、穩健投資的操作哲學，長期穩居國內資產管理總規模第一、大中華基金規模第一、定期定額平均月扣款筆數第一的輝煌成績；同時也在《遠見》第二屆「基金公司品牌形象大調查」中得到本土組的品牌形象「卓越獎」及最佳人氣「卓越獎」，成為投資人長期信賴的基金管理領導品牌。

為了確保新的ETF產品能滿足客戶的需求、符合相關的法規，投研團隊須經過好幾輪的發想與討論，最終由產品提議者在新產品會議對高階主管做分析與建議的簡報。不像是很多的建議案有甲乙丙幾個方案可選擇，這場簡報的結果可能只有Yes or No，所以簡報者要善用15分鐘的時間做最清楚的分析，提出明確的佐證，才能讓主管們全力支持。

簡報設計表：

1. 事先打聽場合：

場合	產品會議
身分	新金融商品部的經理人
流程	先新產品建議決策，之後是舊產品改良討論
時間	簡報時間 15 分鐘，後續再進一步討論

2. 瞭解聽眾，百戰百勝：

對象	公司一級主管及法令遵循、後勤等部門主管
特性	涵蓋業務、投研、法遵等不同屬性的全方位角度
需求	此產品的市場胃納量、可行性與長遠獲利性
人數	約 20 位

3. 為簡報訂立大綱：

主題	新產品提案：國泰臺指 ETF 傘型基金
目的	告知性☆、說服性☆☆☆、娛樂性——
目標	建議公司同意發行此 ETF
策略	分析市場需求，提出明確佐證

4. 建立起承轉合架構：

起（2 分鐘）	建議推動符合市場需求的 ETF 產品
承（5 分鐘）	產業與市場分析，台股避險 ETF 的需求
轉（5 分鐘）	和台灣 50 指數比較及相關歷史數據回測的驗證
合（3 分鐘）	效益分析與建議

投影片分頁腳本：

區分	序號	投影片 (視覺)	口述重點 (聽覺)
起	1	封面	建議切入市場避險需求的未來明星商品
	2	簡報大綱	簡述簡報大綱
	3	黑天鵝充斥下的市場機會	多頭市場的隱憂與需求，投資人難以抱股入眠
承	4	投資人的痛：賺指數賠個股價差	我們如何滿足投資人的需求
	5	投資趨勢的變化	指數投資成為市場偏好
	6	ETF 投資是大勢所趨	各種投資工具的比較
	7	最熟悉的市場有未滿足的需求	為什麼要推台灣加權指數的 ETF
	8	台灣加權指數波動大，機會大	我們如何抓住波動大產生的機會
	9	正反出擊的產品策略	在市場的區隔和產品組合
轉	10	市場的切入點：最正宗	和台灣 50 指數的比較
	11	策略 1：10 年線操作方法	由 10 年線的驗證分析，可行性經得起考驗
	12	策略 2：大數法則操作方法	由大數法則的驗證分析，可行性經得起考驗
	13	策略 3：法人需求之 ETF 申贖套利操作法	ETF 申贖套利的驗證分析，可行性經得起考驗
	14	產品架構建議	預估的產品架構
	15	追蹤指數之特性與要點	建議的特性與細節說明

對象 1：對主管報告建議

合	16	評估項目	胃納量、合規性與投資可行性確認
	17	總結	總結整理，建議盡快上市
	18	封底 相關風險的揭露	將符合法規必須揭露的風險一併提出

Ⅴ
對任何對象做簡報

國泰投信內部產品會議使用

國泰投信獨立經營管理

新產品提案：國泰臺指ETF傘型基金

1.國泰臺灣加權指數單日**正向2倍**基金

2.國泰臺灣加權指數單日**反向1倍**基金

國泰投信
國泰金控

建議切入市場避險需求的未來明星商品

 國泰投信　　　　　　　　　　　　　　國泰投信內部產品會議使用

簡報大綱

1	市場需求與未來主流趨勢
2	台灣加權指數相關ETF利基
3	指數優勢與歷史數據回測
4	結論與評估

2

簡述簡報大綱

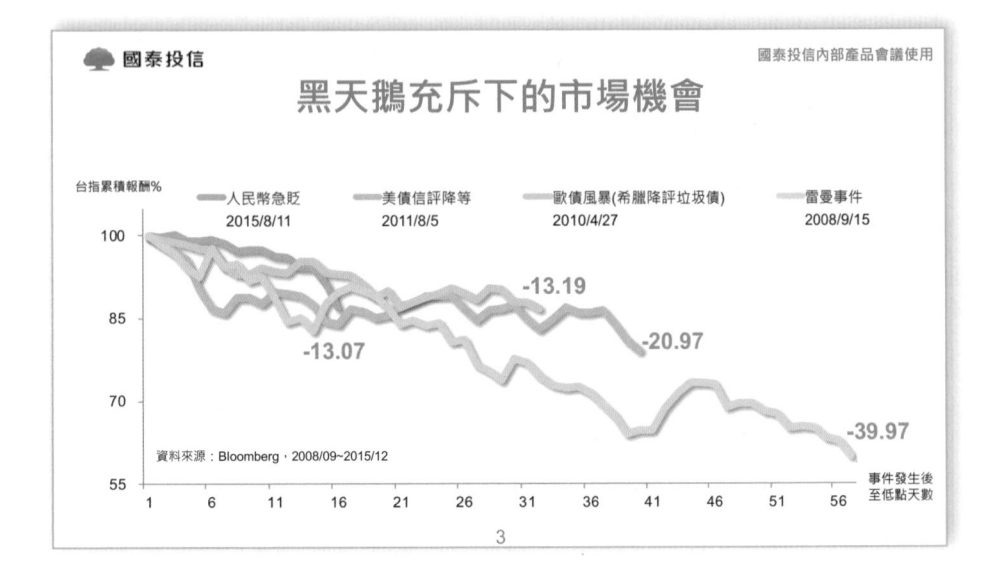

多頭市場的隱憂與需求，投資人難以抱股入眠

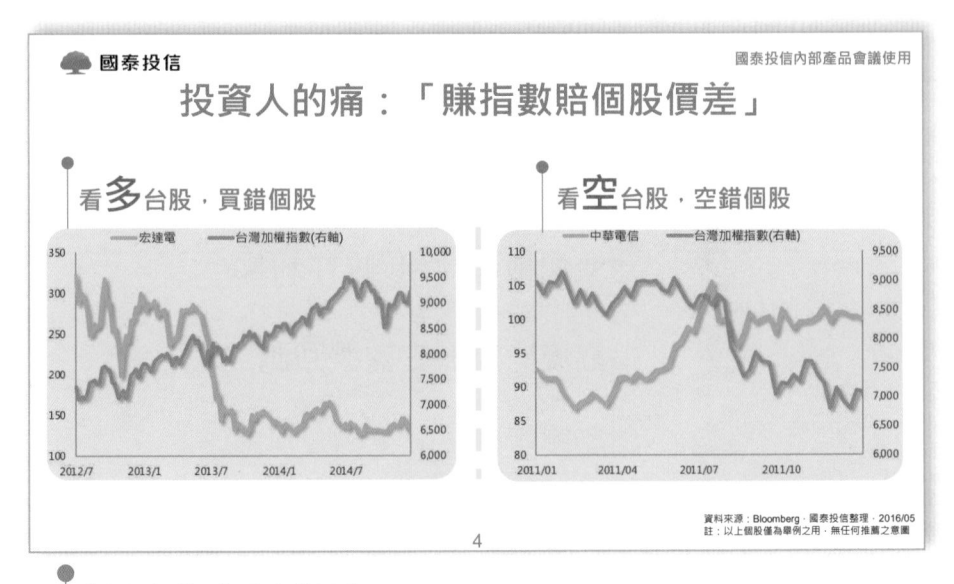

我們如何滿足投資人的需求

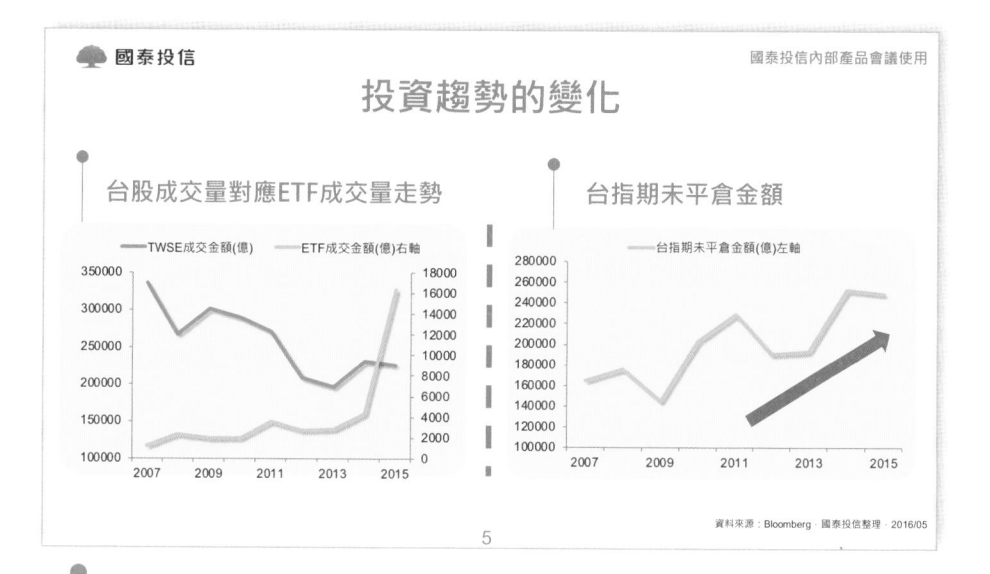

指數投資成為市場偏好

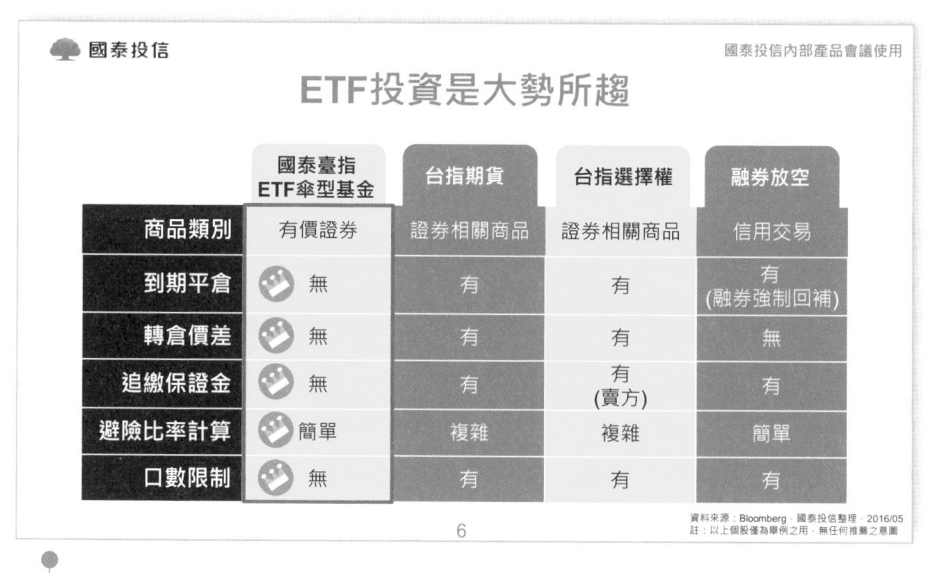

各種投資工具的比較

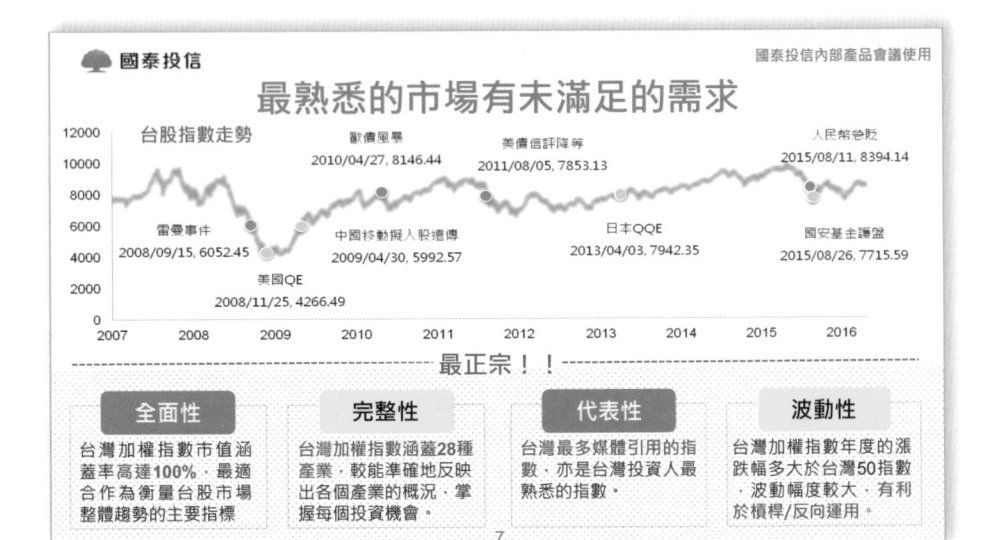

為什麼要推台灣加權指數的 ETF

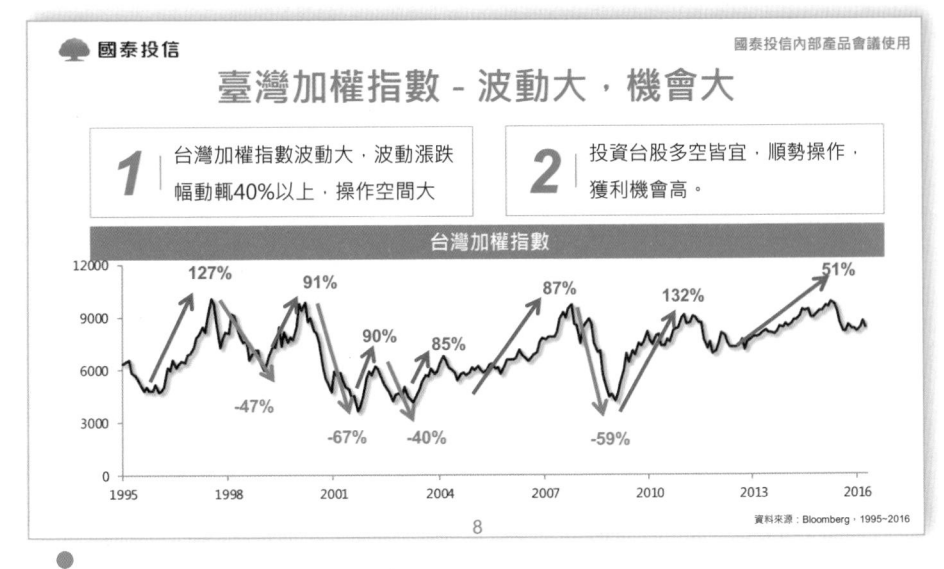

我們如何抓住波動大產生的機會

在市場的區隔和產品組合

和台灣 50 指數的比較

V
對任何對象做簡報

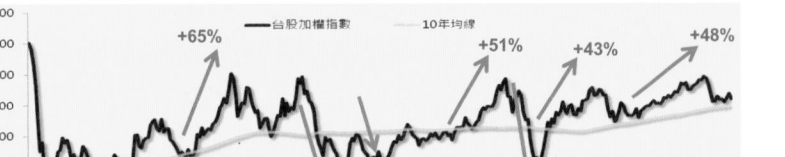

國泰投信　　　　　　　　　　　　　　　國泰投信內部產品會議使用

策略1 – 10年線操作法

多頭時台股10年線為支撐，空頭時10年線為壓力。當突破或遇支撐10年線，買進2X ETF；跌破或遇壓力10年線時，買進反向ETF。

台灣加權指數　**V.S**　10年線走勢

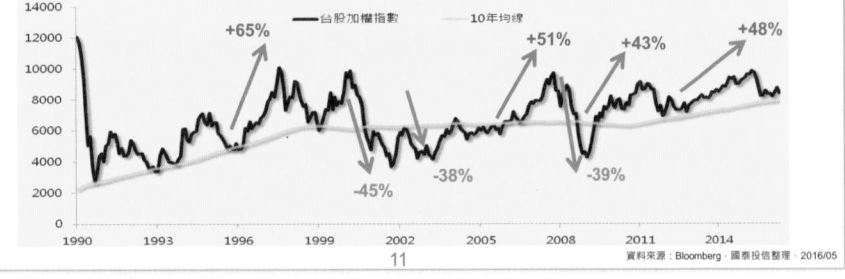

資料來源：Bloomberg，國泰投信整理，2016/05

由 10 年線的驗證分析，可行性經得起考驗

國泰投信　　　　　　　　　　　　　　　國泰投信內部產品會議使用

策略2 – 大數法則操作法

根據過去20年台股價格分布，我們發現台股超過8,500點以上機率僅21.1%，低於6,000點以下機率為22.6%。

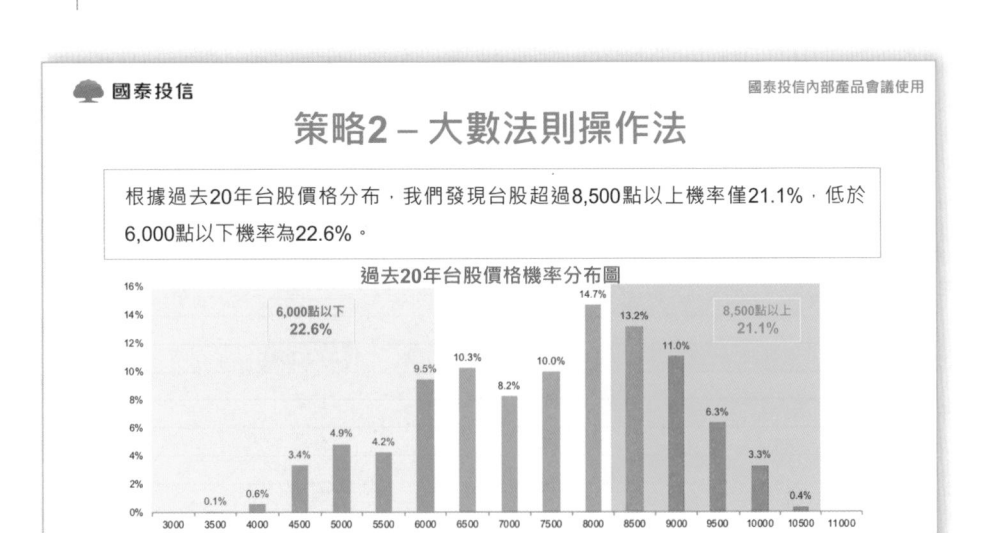

過去20年台股價格機率分布圖

資料來源：CMoney，國泰投信整理，以上為模擬資料謹供參考，不代表實際報酬率或未來績效保證。
資料期間：1996/05/01-2016/04/29

由大數法則的驗證分析，可行性經得起考驗

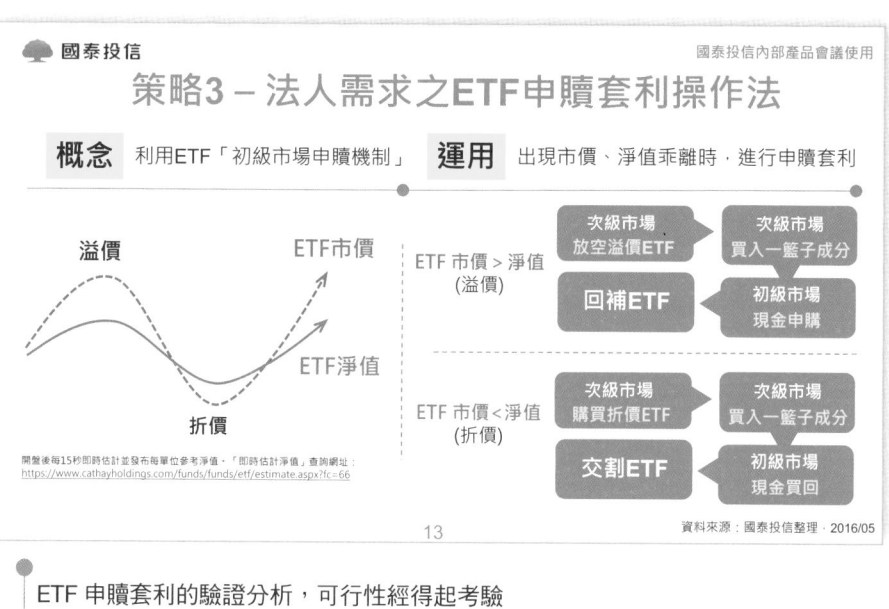

ETF 申贖套利的驗證分析，可行性經得起考驗

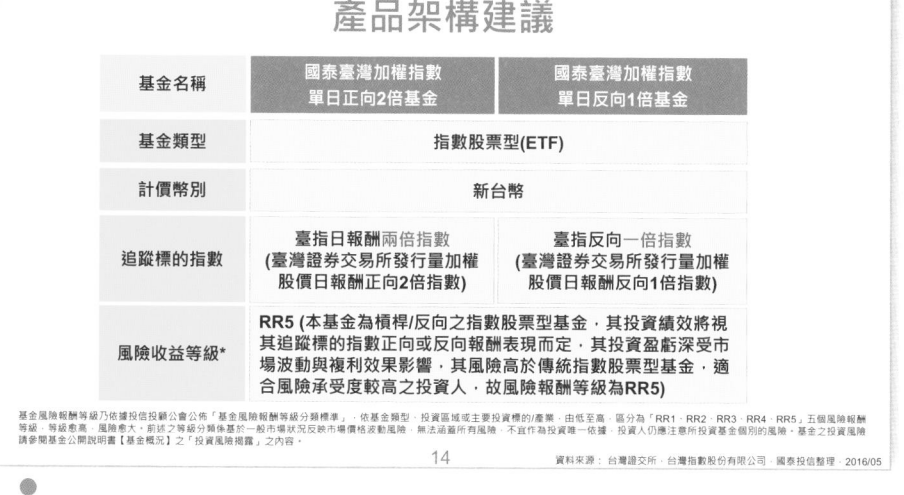

預估的產品架構

追蹤指數之特性與要點

國泰投信　　　　　　　　　　　　　　　　國泰投信內部產品會議使用

指數名稱	臺灣證券交易所發行量加權股價日報酬正向2倍指數	臺灣證券交易所發行量加權股價日報酬反向1倍指數
簡稱	臺指日報酬2倍指數	臺指反向1倍指數
編制機構	臺灣證券交易所	
指數基期	2015.08 .31	
指數發佈日	2015.09.14	
指數成份標的	臺灣證券交易所發行量加權股價指數	
計算頻率	股市交易時間內，每5秒計算1次	
指數代碼(Bloomberg)	TTDR2L Index	TTDRIN Index

15

資料來源：台灣證交所、台灣指數股份有限公司，國泰投信整理，2016/05

建議的特性與細節說明

評估項目

國泰投信　　　　　　　　　　　　　　　　國泰投信內部產品會議使用

	法人客戶接受度	自然人客戶接受度	參與券商接受度	投資管理上可行性	預估管理費收入
國泰臺灣加權指數單日正向2倍基金	低	高	極高	高	5億元 *0.95%(年)
國泰臺灣加權指數單日反向1倍基金	極高	極高	極高	高	30億元 *0.95%(年)

16

胃納量、合規性與投資可行性確認

🌳 國泰投信　　　　　　　　　　　　　　　　　　國泰投信內部產品會議使用

總結

1 台指槓反ETF可填補市場空缺

2 指數優勢明確、各種策略歷史回測佳

3 預估長期基金規模可達 **30-100億**元

4 建議可優先排入新產品募集排程

17

總結整理，建議盡快上市

🌳 國泰投信　　　　　　　　　　　　　　　　　　國泰投信內部產品會議使用

注意：本公司基金經金管會核准或同意生效，惟不表示本基金絕無風險。本公司以往之經理績效不保證本基金之最低投資收益；本公司除盡善良管理人之注意義務外，不負責本基金之盈虧，亦不保證最低之收益，投資人申購前應詳閱本基金公開說明書。投資人可向本公司及基金之銷售機構索取本基金公開說明書或簡式公開說明書，或至本公司網站(www.cathayholdings.com/funds)或公開資訊觀測站自行下載。本文援及之經濟走勢預測並不必然代表本基金之績效。基金投資風險請詳閱基金公開說明書。
基金掛牌日前(不含當日)，經理公司不接受本基金受益權單位數之買回。投資人於基金成立日(不含當日)前參與申購所買入的基金每受益權單位之發行價格，不等同於基金掛牌之價格。參與申購投資人需自行承擔基金成立日起自掛牌日止期間之基金淨資產價格波動所產生折溢價風險。基金受益憑證掛牌後之買賣成交價格應依臺灣證券交易所有關規定辦理。各基金以追蹤標的指數或標的指數的正向2倍或反向1倍之表現為目標，除投資績效將受所追蹤之標的指數走勢牽動外，但投資標的流動性、投資地區經情勢、匯率及法規變動與證券相關商品與現貨資產之逆價差等均可能造成基金淨資產價值之變動或與目標表現偏離之情況。有關基金應負擔之費用，包括每日進行部位調整產生之交易價格差異與交易費用及基金其他必要之費用(如：經理費、保管費等)，將影響基金總報酬表現，並已揭露於基金之公開說明書中，投資人可至公開資訊觀測站中查詢。
本文援及之經濟走勢預測不必然代表本公司基金之績效，本公司基金投資風險詳閱各基金公開說明書。基金上市日前(不含當日)，經理公司不接受基金受益權單位數之買回。國泰臺灣加權指數單日正向2倍基金及國泰臺灣加權指數單日反向1倍基金具有槓桿或反向風險，其投資盈虧深受市場波動與複利效果影響，與傳統指數股票型基金不同。前述基金不適合追求長期投資且不熟悉基金以追求單日報酬為投資目標之投資人。投資人交易時，應詳閱基金公開說明書並確定已充分瞭解本基金之風險及特性。
1.本基金係採用指數化策略，自上市日起以追蹤證券交易所發行量加權股價日報酬正向兩倍指數及臺灣證券交易所發行量加權股價日報酬反向一倍指數績效表現為目標，將每日調整投資組合，使國泰臺灣加權指數單日正向2倍基金之整體正向曝險部位貼近基金淨資產價值百分之二百；國泰臺灣加權指數單日反向1倍基金之整體反向曝險部位貼近淨資產價值百分之一百。
2.本基金之正向或反向倍數之報酬率，僅限於單日。本基金各子基金可能因為每日調整投資組合、持有之證券及證券相關商品價格反應不一致、期貨價差變動、指數除息等因素而影響基金單日報酬與標的之指數報酬率。
3.本基金為策略交易型產品，不適合長期持有，僅符合適格條件之投資人始得交易。
4.本基金各累積報酬率可能會偏離同期間標的指數之累積報酬，標的指數累積報酬亦可能會與臺灣證券交易所發行量加權股價指數累積報酬之相對應正向倍數或反向倍數產生偏離。關於複利效果舉例說明如下，詳細釋例請見基金公開說明書。

當加權指數第一天漲 5%、第二天漲 5%			當加權指數第一天漲5%、第二天跌5%		
項目	2天總計報酬率		項目	2天總計報酬率	
加權指數	10.25%		加權指數	-0.25%	
臺指日報酬兩倍指數	21%	20%	臺指日報酬兩倍指數	-1%	0%
臺指反向一倍指數	-9.75%	-10%	臺指反向一倍指數	-0.25%	0%

5.本基金各子基金具有槓桿或反向風險，其投資盈虧深受市場波動與複利效果影響，與傳統指數股票型基金不同。本基金不適合追求長期投資且不熟悉本基金以追求單日報酬為投資目標之投資人。投資人交易時，應詳閱基金公開說明書並確定已充分瞭解本基金之風險及特性。
國泰臺灣加權指數單日正向2倍基金及國泰臺灣加權指數單日反向1倍基金並非由臺灣證券交易所股份有限公司(「證交所」)贊助、認可、銷售或推廣；且證交所不就使用「臺灣證券交易所發行量加權股價日報酬正向兩倍指數」和「臺灣證券交易所發行量加權股價日報酬反向一倍指數」及/或該指數於任何特定日期、時間所代表數字之預期結果提供任何明示或默示之擔保或聲明。「臺灣證券交易所發行量加權股價日報酬正向兩倍指數」及「臺灣證券交易所發行量加權股價日報酬反向一倍指數」之錯誤承擔任何過失或其他賠償責任；且證交所無義務將臺灣證券交易所發行量加權股價日報酬正向兩倍指數」及「臺灣證券交易所發行量加權股價日報酬反向一倍指數」之錯誤調整或更正如任何人。國泰證券投資信託股份有限公司業已自臺灣證券交易所股份有限公司取得使用臺灣證券交易所發行量加權股價日報酬正向兩倍指數或其簡稱臺指日報酬兩倍指數及 臺灣證券交易所行量加權股價日報酬反向一倍指數或其簡稱臺指反向一倍指數之授權。

將符合法規必須揭露的風險一併提出

紹強的「靈門一角」：

觀見・關鍵
建議・薦益

　　這是一場向主管做新產品提案的簡報，面對公司一級主管及法遵、後勤等部門主管，有的在乎市場性、有的以風險角度把關，簡報者的分析勢必要面面俱到。一開始以未來的「明星商品」破題，再透過完整的趨勢觀察、需求分析和同業的知名商品比較，用「最正宗」的市場訴求打動主管；也預想可能被問到的問題，事先準備好三種專業回測歷史的方式，分析可行性、風險及可能獲得的收益，讓主管們安心、動心、並有上市的企圖心。

　　投影片配色簡單、對比鮮明，雖然資訊很多，又有複雜的數字和圖表，但看起來仍然清晰易懂；結合公司CI的黃、綠色系，嚴謹中有新的活力。也善用條列式列出每一項內容的關鍵字，讓主管能馬上抓到重點、進而做下心中的判斷。

　　最後，客戶和銷售通路要買單前、必須先讓公司的主管買單；要敲主管的心門前、要先敲自己的腦袋。很顯然提案的簡報者做足了分析的功課，用主管的高度、觀見那些關鍵，並在簡報時建言、推薦這未來「明星商品」的效益。此提案當下獲得各與會主管一致讚賞，並在2016年7月順利募集成立，後來並獲得該年度Smart智富台灣基金獎「年度創新類指數股票基金獎」殊榮，這真是一場很成功的「對主管報告建議」簡報。

對象 2：與同事經驗分享

　　職場中與自己相處時間最長的莫過於同事，擁有不同經驗的夥伴在一家公司共事，必定有許多可以交流的地方。很多公司會安排這類型簡報，除了讓簡報者將成功的工作經驗知識化，透過分享可以讓成功經驗複製、節省他人摸索的時間，更能激盪出其他同事的新點子和新做法，有利於展望未來、提升組織績效。

　　對於這類型簡報，同事較在乎簡報者到底「做對了」哪些事讓績效提升，會想提升自身專業或自身經驗外的特點，將來也能提升績效。因此與同事經驗分享時，應將重點和細節交代清楚。然而，同事的屬性不同，年齡差距或經驗多寡可能落差很大，資深夥伴非常熟悉分享的內容，新人卻不一定聽得懂，所以拿捏深度很重要，也須留意聽眾是否有任何問題。

　　值得一提的是，同事是戰友，也是競爭對手；同部門同事或許有倫理輩分的情結，跨部門還有本位的落差。簡報者應在簡報中多感謝同事的協助，不宜以上對下的口氣指使同事該如何做，而是分享自己怎麼做，避免以優越的姿態面對同事，以免在職場上樹敵造成困擾。

　　接下來要透過企業實際案例，讓讀者瞭解與同事經驗分享的重點：

企業實例：和泰大金

台灣地處亞熱帶，空調設備已是生活的必需品，在這片人口只有二千多萬的土地上，上千億元的市場規模由近百個國內外品牌業者瓜分。消費者選擇時，除了品牌知名度、產品效能，經銷商的推介也是最後的關鍵因素。

和泰大金自1992年開始代理日本一番品牌大金空調DAIKIN，在市場變革的快節奏中，力行董事長「要最好，你非變不可」的經營哲學，除了率先使用R32新世代環保冷媒，提供業界最高的「全機3年、壓縮機10年」保固規格外，更成立產學合作研訓中心，將專業技術向下紮根。在台灣總代理的體制中，對千家經銷商不只當成通路，更視為夥伴的關係，依地區各有專業的業務同仁負責產品、技術與服務的支援，不斷提供各式的經營輔導，加強專業認證考試培訓，提升產業發展，創造上下游的共享繁榮。

隸屬北區的績優業務進公司已14年，除了服務舊有的21間經銷商外，新的一年，又開發了7間新的經銷商，一年能創下兩億六千萬的業績。長年來業務成績表現突出，被長官指派分享實戰經驗，相信透過分享的角度與同事們互相學習，無私的心量是將自己推向更高格局、下一個高峰的原動力。

簡報設計表：

1. 事先打聽場合：

場合	和泰大金年度業務會報
身分	年度業績冠軍
流程	業務會報後，主管總結前
時間	10 月 25 日（星期三）下午 14:30-14:45，共 15 分鐘

2. 瞭解聽眾，百戰百勝：

對象	業務同事，及主管們
特性	負責不同通路，多為業務前輩
需求	如何開發新客戶，維持既有客戶
人數	約 80 人

3. 為簡報訂立大綱：

主題	當業務的最大特質：做就對了！
目的	告知性☆☆☆、說服性☆、娛樂性☆☆
目標	提升經銷商對品牌的忠誠度
策略	團隊合作是達到目標的捷徑

4. 建立起承轉合架構：

起（2 分鐘）	拜碼頭，從國際知名品牌聊信任與顧客忠誠
承（5 分鐘）	與客戶的 3 識：認識、熟識、共識（開發新經銷商）
轉（5 分鐘）	一日服務，終生服務（維持既有經銷商）
合（3 分鐘）	總結，感謝大家，請益在座

投影片分頁腳本：

區分	序號	投影片 (視覺)	口述重點 (聽覺)
起	1	當業務最大的特質： 做就對了！	知名品牌的 Slogan 勉勵自己的最佳名言
	2	自我介紹	謝謝提供分享的機會 「我」的後面是「我們」
	3	分享大綱	開發及維繫經銷商的經驗
承	4	我的第一課：從 0 到 1	做得好好的，為什麼要開發？
	5	開發的重要	讓更多消費者知道大金的好
	6	開發客戶的甘苦	每家平均開發了 6 個月
	7	背景說明	近期發生的實例 從同事的一通電話開始
	8	波折與挑戰	從客戶提出的需求 一點一滴累積信任與默契
	9	本段小結： 與客戶的 3 識	認識（培養信任），熟識（建立默契），共識（共同成長）
轉	10	我的第二課：從 1 到∞	就算 80 幾個品牌的紅海廝殺，也要維持客戶
	11	維持客戶 = 維持婚姻？ （結婚後網路笑話）	關係的經營，要像親人，也要像愛人，就是不能像路人
	12	維持客戶案例背景說明	與該客戶的背景連結
	13	案例中遇到波折與挑戰	傾聽的重要

	14	知彼知己，百戰不殆	知名企業引言，提升自身經驗的說服力
	15	本段小結： 服務，是銷售的延長	一日服務，終身服務。 帶來再購率與顧客忠誠
合	16	我的第三課：？？！！	從業務到服務
	17	建立人脈，累積信任	四種建立信任的方法
	18	謝謝寶貴時間 請惠賜指教	業績的達成，並非一己之力

對象2：與同事經驗分享

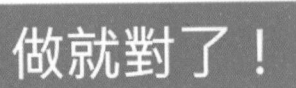

知名品牌的 Slogan
勉勵自己的最佳名言

謝謝提供分享的機會
「我」的後面是「我們」

分享大綱

和泰興業股份有限公司
HOTAI DEVELOPMENT CO., LTD

01 / 我的第1課：從0到1

02 / 我的第2課：從1到∞

03 / 我的第3課：**？？!!**

3

開發及維繫經銷商的經驗

和泰興業股份有限公司
HOTAI DEVELOPMENT CO., LTD

我的第一課：從0到1
做得好好的，為什麼要開發?

4

做得好好的，為什麼要開發？

開發的重要

和泰興業股份有限公司
HOTAI DEVELOPMENT CO., LTD.

1. 無孔不入 ｜ 增加接觸潛在顧客的機會點

2. 彈性運用 ｜ 提升品牌整體的接案成交率

3. 共同成長 ｜ 創造既有經銷商的接案廣度

5

讓更多消費者知道大金的好

開發客戶的甘苦

和泰興業股份有限公司
HOTAI DEVELOPMENT CO., LTD.

前途是光明的

但路途是坎坷的‧‧‧

6

每家平均開發了 6 個月

近期發生的實例,從同事的一通電話開始

從客戶提出的需求,一點一滴累積信任與默契

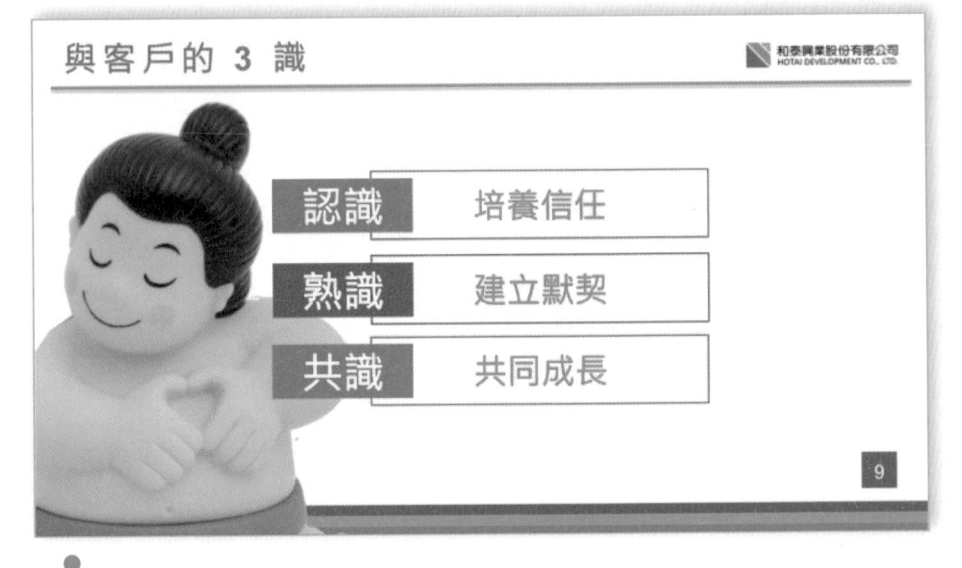

認識（培養信任），熟識（建立默契），共識（共同成長）

就算 80 幾個品牌的紅海廝殺，也要維持客戶

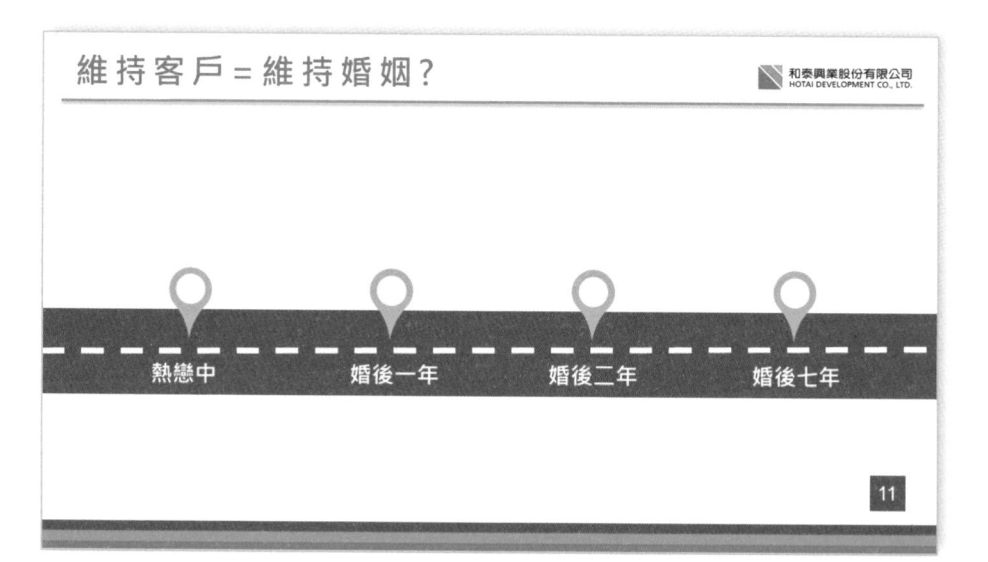

維持客戶＝維持婚姻？

和泰興業股份有限公司
HOTAI DEVELOPMENT CO., LTD.

| 熱戀中 | 婚後一年 | 婚後二年 | 婚後七年 |

11

關係的經營，要像親人，也要像愛人，就是不能像路人

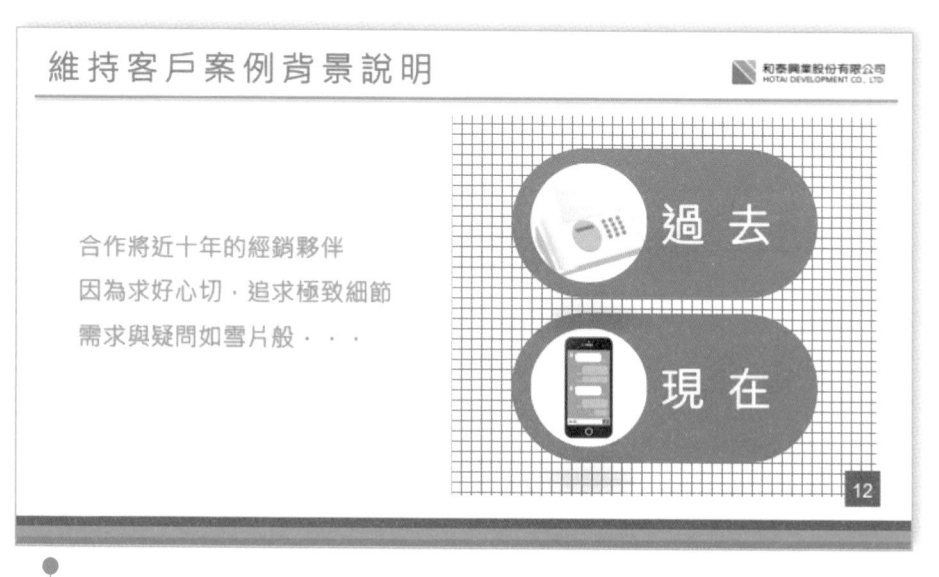

維持客戶案例背景說明

和泰興業股份有限公司
HOTAI DEVELOPMENT CO., LTD.

合作將近十年的經銷夥伴
因為求好心切，追求極致細節
需求與疑問如雪片般・・・

過 去

現 在

12

與該客戶的背景連結

案例中遇到波折與挑戰　　和泰興業股份有限公司　HOTAI DEVELOPMENT CO., LTD.

傾 聽

維繫長期親密關係的基本功

13

傾聽的重要

知彼知己，百戰不殆　　和泰興業股份有限公司　HOTAI DEVELOPMENT CO., LTD.

玫琳凱化妝品公司創辦人

玫琳凱‧艾施 曾說：

" 傾聽有雙重好處，不但能得到有用的
消息，還使別人感覺自己很重要。"

14

知名企業引言，提升自身經驗的說服力

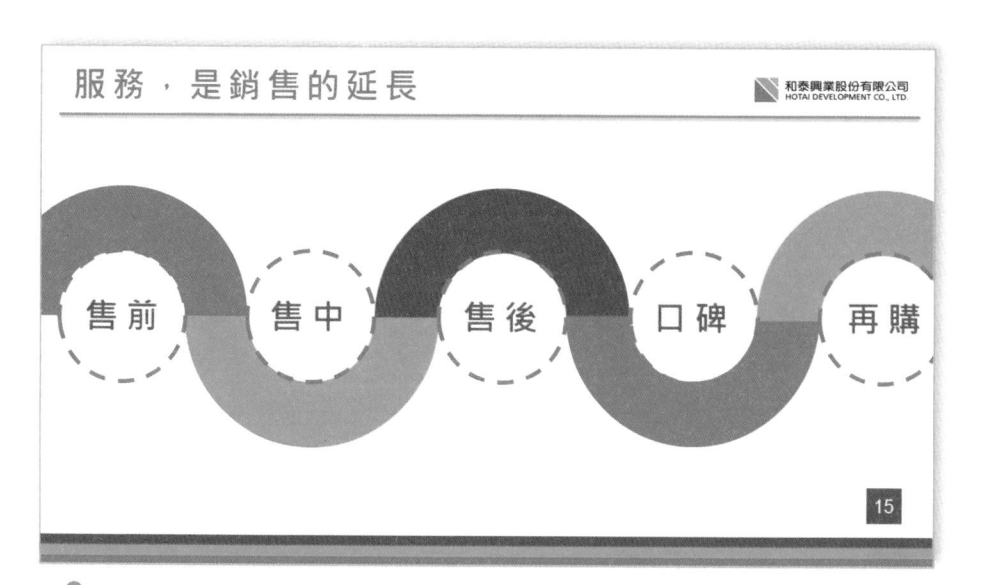

服務，是銷售的延長

和泰興業股份有限公司
HOTAI DEVELOPMENT CO., LTD.

售前　售中　售後　口碑　再購

15

一日服務，終身服務。
帶來再購率與顧客忠誠

和泰興業股份有限公司
HOTAI DEVELOPMENT CO., LTD.

我的第三課：？？！！
從業務到服務

16

從業務到服務

業績的達成，並非一己之力

四種建立信任的方法

紹強的「靈門一角」：

事要做對

人不作對

這份簡報是由 Top Sales 分享業績卓越的秘訣，從主題的訂定：「當業務的最大特質，做就對了」，傳遞了當業務最需要的能力：行動力。有別於一般業務的激勵或是激動，而是溫和的分享了三課：「我的第一課：從0到1」、「第二課：從1到∞」以及「我的第三課：？？！！」，像說故事般訴說自己的成長歷程，讓同事瞭解自己如何從無到有、由A到A+的過程，絕對是一個非常棒的見證。

在投影片呈現部分，第一張出現的就是企業吉祥物「大金寶寶」，他熟悉親切地向與會人員打招呼，傳達「邀請您、一起來！」，給人想要參與的感覺，是非常棒的開頭。接下來的內容循序漸進，運用大量圖片及圖形結合主題，省略長篇大論的文字說明，使得重點醒目，更能符合閱聽人的習慣。

簡報者謙虛地分享出對公司的認同、對產品的信心、對同事的信任、對客戶的信用以及對未來的期待等自身成功「做對」的經驗，不會有部分績優業務給人強烈或強勢的本位感，而讓人想「作對」。看似輕鬆簡要的分享，卻包含了細膩與嚴謹的內容，傳遞有如太極般的能量，果真是業務典範！

對象3：對部屬政令布達

在職場中，主管將工作指派給部屬的場景比比皆是，若是在會議室裡，主管運用投影片對部屬政令布達，如此正式的簡報場景，想必經過主管的審慎規畫，像是說明公司營運的方向、新市場的切入，或是下一季目標的提升等等，必然是重大的事宜。

相對於主管較在乎大局方向與策略面的思考，部屬一般比較關心執行面的細節，每當有新的政令宣達，往往會以自身的角度思考，「這件事對我有什麼影響？」「會對我造成什麼困難？」所以主管布達應高兩階思考、低兩階做事，以高兩階的角度說明此政令是結合哪些公司的願景策略，讓部屬知其然，更知其所以然；同時也要以部屬的角度思考此政令是否窒礙難行，可以透過什麼方法來突破。在對部屬布達命令時，也要把工作指令說清楚，例如：「這件工作要什麼時候之前完成」、「完成的標準是什麼」。

好的主管既是管理者、也是領導者，對事要將任務布達清楚，明確指派工作，為之後的績效評核及獎勵鋪好路；對人則要讓部屬對任務有信心，激發部屬發揮最大的潛力。有了清晰的why、what、how，布達的任務必定會成功。

接下來要透過企業的實際案例，讓讀者瞭解對部屬政令布達的重點：

企業實例：可樂旅遊

根據交通部觀光局的資料，儘管經濟不景氣、物價上漲、薪資停滯等負面消息不斷，但近五年來國人出國旅遊人口依然呈現正成長，顯見無論犒賞自己、家庭旅行、工作留學等，各種知性或感性的理由，觀光旅遊對於民眾，已經從奢侈品逐漸轉變為生活必需品。因此，在無限商機的刺激下，觀光產業已成為二十一世紀的明星產業。

目前在台灣，平均每6位出國人口，就有一位是經由可樂旅遊的服務，其產品涵蓋國內外團體旅遊、個人旅遊、赴台旅遊、也為企業提供各種差旅、員旅及獎勵旅遊。可樂旅遊不僅是台灣數一數二的旅遊專業公司，更是連續多年蟬聯出團量及營業額第一的旅遊品牌。擁有40年的旅業資歷，卻有著30世代活力的關鍵，就是因為重視企業根基人才。為了吸引優秀人才加入，人才選訓與培育的課程，是公司相當重視的管理環節。

新人無論在全省哪個分公司報到，公司都會安排半天的職前訓練，其中第一段的主管政令布達，會利用15分鐘的時間，完整傳遞可樂人的精神與理念、公司文化和個人職涯發展願景。如何在最短的時間為新人注入未來工作的核心價值、引爆「一起分享世界的美好」的熱情靈魂，這場簡報將是重要關鍵！

簡報設計表：

1. 事先打聽場合：

場合	新人報到第一天
身分	總公司管理部主管或分公司主管
流程	半天訓練的第一階段
時間	15 分鐘

2. 瞭解聽眾，百戰百勝：

對象	新進同仁
特性	人格要求：誠信、熱情、活潑、喜愛分享
需求	快速瞭解企業文化、個人成長發展空間及公司規定
人數	10 至 20 人

3. 為簡報訂立大綱：

主題	歡迎加入我們，一起分享世界的美好！
目的	告知性☆☆☆、說服性☆、娛樂性☆☆
目標	瞭解公司理念並增加認同感
策略	分享心路歷程，結合新人網路地圖

4. 建立起承轉合架構：

起（2 分鐘）	可樂歌（影片）：傳遞快樂、熱情與活力
承（5 分鐘）	公司介紹＋認識同梯朋友
轉（5 分鐘）	發展前景、一起成長
合（3 分鐘）	副董的話（影片），歡迎加入可樂大家族

投影片分頁腳本：

區分	序號	投影片 (視覺)	口述重點 (聽覺)
起	1	封面	歡迎新人到來 問好、主管自我介紹
	2	課程大綱	簡介 歡迎各位優秀夥伴加入
	3	影片：可樂舞	看見可樂大家族的活力
承	4	猜猜可樂幾歲了？	互動，有獎徵答
	5	可樂四十年	可樂旅遊品牌歷史
	6	集團介紹	集團各事業體分工簡介
	7	品牌信念	可樂旅遊的使命
	8	CI 介紹	透過 CI 瞭解企業文化
	9	相見歡	認識身邊的夥伴
轉	10	公司發展目標	不斷精進的服務態度
	11	L.I.P.S. 創造服務品質	追求滿分的服務品質
	12	可樂人是……	可樂人有什麼樣的特質
	13	員工福利介紹	成為可樂人的優點
	14	可樂之星年度大會	頒獎、每個人都可以是優秀的可樂之星
	15	個人的成長空間	一起成長，走向世界
合	16	副董影片	勉勵新人加入團隊
	17	新人教戰手冊	大家的需求，公司都為各位準備好教戰手冊了，接下來 3 小時會更細部的為大家說明
	18	一起分享世界的美好……	歡迎加入可樂大家族

歡迎新人到來，問好、主管自我介紹

簡介、歡迎各位優秀夥伴加入

看見可樂大家族的活力

HOW OLD

有獎徵答：猜猜可樂幾歲了?

DO I LOOK?

cola tour

互動，有獎徵答

可樂四十年

SINCE 1978

1989

2010

- 員工數300-700人
- 發展電子商務平台產品全方位佈局

- 可樂旅遊註冊品牌

註冊

成長

草創

- 康福旅行社成立
- 員工5人

1981

奠基

- 員工數50-300人
- 投入系統開發控團作業電腦化
- 銷售通路多元化

2000

起飛

- 員工超過1400人
- 2016年共有194萬人次透過可樂旅遊飛向世界

可樂旅遊品牌歷史

集團介紹

可樂文創
- 會展旅遊
- 文創商品

可樂旅行社

cola tour

康福綜合旅行社
- 國外團體、個人旅遊
- 國內團體、個人旅遊

北極星國際旅行社
- 入境旅遊

集團各事業體分工簡介

可樂旅遊的使命

透過 CI 瞭解企業文化

V 對任何對象做簡報

認識身邊的夥伴

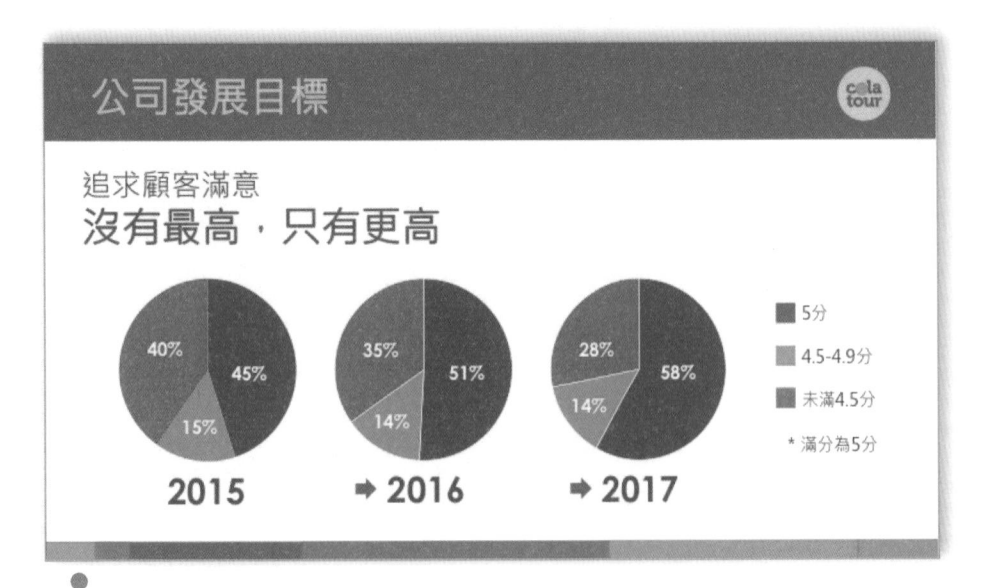

不斷精進的服務態度

L.I.P.S. 創造服務品質

Satisfy
創造滿意的口碑

Listening
傾聽顧客

Provide
提出創意的商品與服務

Insight
洞察需求

追求滿分的服務品質

可樂人是...

自我要求

熱情的

守信用

重承諾

可樂人有什麼樣的特質

員工福利

節慶禮品、禮金
春酒聚餐、摸彩
員購優惠
國內外旅遊

成為可樂人的優點

可樂之星 年度表揚大會

可樂人的年度盛事
表揚與獎勵優良員工

頒獎、每個人都可以是優秀的可樂之星

和可樂旅遊
一起成長

世界這麼大　太多美好的人事物值得探索

每一趟旅程　都將為你的人生帶來更豐富的閱歷

一起成長，走向世界

來自吳副董的問候

勉勵新人加入團隊

大家的需求，公司都為各位準備好教戰手冊了，
接下來 3 小時會更細部的為大家說明

出發吧！讓我們一起創造更多可能
一起分享世界的美好 share a better world！

歡迎加入可樂大家族

紹強的「靈門一角」：

管理要深入核心
領導要深入人心

這是一場「上對下」、主管對部屬的簡報，目標是要讓新進人員瞭解公司理念並增加認同感，所以簡報者不能只是用說的，希望聽眾「知道」，要傳遞一種氛圍，讓新人「感受到」。首先由影片為開場，用可樂舞來舞動人心，再進行主要的介紹及宣達。過程中運用大量的圖騰與照片，更貼近旅遊業新進同仁的屬性，最後再以「吳副董的話」影片收尾，相信新人一定對公司有相當的瞭解與認同。

隨著日趨年輕化的旅遊潮流，投影片的呈現更是讓人能感受到「可樂人」的活潑與創新，繽紛鮮豔的色彩，直接抓住聽眾的目光；運用大量的插圖，讓簡報更為生動吸睛，並適時加入圖表，使聽眾毫不費力就理解簡報的內容，不僅營造出「可樂旅遊」年輕、有活力之感，也讓新人自然而然對「多色彩」的旅遊工作充滿嚮往與鬥志。

最後，管理要深入核心，對新人布達是建立標準、把相關管理制度清楚說明的最佳時機。更重要的是，領導要深入人心，在新人加入公司的第一堂課，領導者就將公司的文化使命與核心價值，透過生動的投影片與影片深刻植入在心中，讓新人帶著這份分享世界美好的DNA樂在工作。有快樂感動的員工，就有快樂感動的顧客。

對象 4：對團隊專案報告

現代企業有非常多的機會因應一個特定目標，進行任務導向的工作，像是為了產品研發、廠房建置，或是行銷 event，而臨時編制一個專案團隊。有明確開始與結束時間、沒有重複例行性工作、依照專案需求組成的臨時組織編制，彼此的溝通非常重要，在團隊專案中簡報扮演了關鍵角色。

一般專案包含了「起始、計劃、執行、控管、結案」五大階段流程的管理，過程中團隊必須計畫性整合資源，分工合作，才能準時完成任務。因此，專案團隊從確定目標、蒐集資訊、規劃工作內容、實際行動、任務檢核，到溝通實際進度和所預定進度的差距，都須透過簡報讓彼此充分瞭解。這類型的簡報因為內容資訊多，專案涵蓋的人、時、地、事、物、如何等盤根錯節的大量資訊，因此簡報者必須設法簡化，用系統、圖表的方式來呈現，讓團隊成員快速理解掌握。

專案團隊常常是每週做一次簡報，所以一些前因後果只要簡單帶過，報告進度，確認專案的方向無誤，彼此交流讓成員們能更有效率去完成專案。若有進度落後、超過預算等問題，也須真實呈現，說明問題和風險，設法及時解決。

接下來要透過企業的實際案例，瞭解對團隊專案報告的重點：

企業實例：中興工程顧問社

　　企業的官方網站肩負對外傳達企業經營內容、目標及核心價值等重責大任，也須向客戶宣導產品與服務，提供訂購、售後服務等多樣化電子商務功能。若干企業的對外網站系統亦提供員工專區，讓員工由此連結與運用企業內部資訊系統，遠端支援在外奔波的員工或團隊。因此網站建置或改版，是公司的重要任務。

　　中興工程集團是國內知名的工程顧問集團，歷年完成國內外工程建設專案計畫超過5,000件，中興工程顧問社為集團的治理平台，定位為工程技術開發機構，負責工程建設相關技術研發、技術服務與人才培育。公司舊有對外網站係於2003年建置，雖經多次更新，但面對各式新型瀏覽器平台及使用者習慣改變，舊網站漸難以提供使用者良好體驗。緣此，MIS團隊受命肩負起對外網站改版的任務，對內對外積極溝通釐清改版需求，並因應新型態網站設計趨勢，重新設計整體架構及內容，以確保企業網站系統能傳遞精準、正確資訊給客戶及外界，並能兼顧風格簡約、易於維護管理等需求。

　　於是，MIS團隊規劃新網站架構及功能、重新設計網頁內容。9個月的時間由資料蒐集、系統分析、設計及開發到上線使用，需透過專案會議有效溝通協調，才準時完成了改版任務。本案例係整理摘錄MIS團隊例行性工作會議之部分資料而成，相信各位讀者藉由觀摩學習，對於團隊專案簡報一定能有所收穫。

簡報設計表：

1. 事先打聽場合：

場合	對外網站系統設計建置專案會議
身分	計畫主持人
流程	每週例會中的第二個議題
時間	40 分鐘（15 分鐘專案簡報、25 分臨時動議討論）

2. 瞭解聽眾，百戰百勝：

對象	專案團隊成員
特性	工程師性格，認真嚴謹，有八成把握才會去做
需求	瞭解進度，工作協調
人數	8 人

3. 為簡報訂立大綱：

主題	對外網站改版工作會議簡報
目的	告知性☆☆☆、說服性☆、娛樂性——
目標	解決問題，達成目標
策略	關鍵問題的分析與解決

4. 建立起承轉合架構：

起（2 分鐘）	專案緣起及上次會議決議回顧
承（5 分鐘）	進度報告與成果分享
轉（5 分鐘）	未來挑戰與解決對策
合（3 分鐘）	總結並接續臨時動議

投影片分頁腳本：

區分	序號	投影片 (視覺)	口述重點 (聽覺)
起	1	封面	重新開發為重點
	2	大綱	議題列表
	3	緣起	計畫及專案背景說明
	4	上次會議決議	說明前次會議結論
承	5	執行進度說明	以甘特圖說明
	6	目前階段成果說明 1	首頁設計初稿
	7	目前階段成果說明 2	部分頁面設計初稿
	8	心得與經驗分享	執行至今心得
轉	9	下一階段工作重點 1	依序需完成設計之頁面
	10	下一階段工作重點 2	工作重點說明
	11	可能遇到的挑戰	預估可能困難點
	12	解決對策 1	因應對策說明
	13	解決對策 2	解決資源不足對策
	14	解決對策 3	針對成員對外部工具軟體不熟悉，提出解決對策
合	15	階段性成果總結 1	網站設計主要特色說明
	16	階段性成果總結 2	首頁設計初步成果
	17	結語	總結說明
	18	封底	謝謝大家，臨時動議

對象 4：對團隊專案報告

重新開發為重點

大綱

01/ 緣起
02/ 上次會議決議
03/ 執行進度說明
04/ 目前階段成果說明
05/ 心得與經驗分享
06/ 下一階段工作重點
07/ 可能遇到的挑戰
08/ 解決對策
09/ 階段性成果總結
10/ 結語
11/ 臨時動議

議題列表

緣 起

舊有網站係2003年建置，雖定期更新，但面對新型瀏覽器及使用者習慣，漸難以提供良好體驗。

參考既有架構及國內外同業網站案例，並納入企業新近對外宣傳及成果展示需求，啟動對外網站改版作業。

中國工程顧問社

計畫及專案背景說明

上次會議決議

中國工程顧問社

設計目標

改善使用者介面
形塑企業新形象

設計原則

兼顧對內及對外需求
內　容　充　實　性
引入外部專業能量

說明前次會議結論

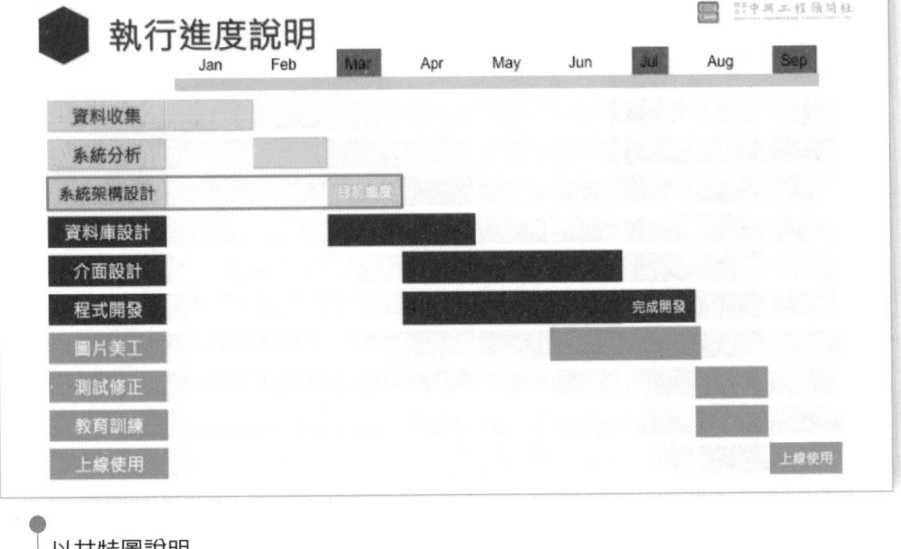

以甘特圖說明

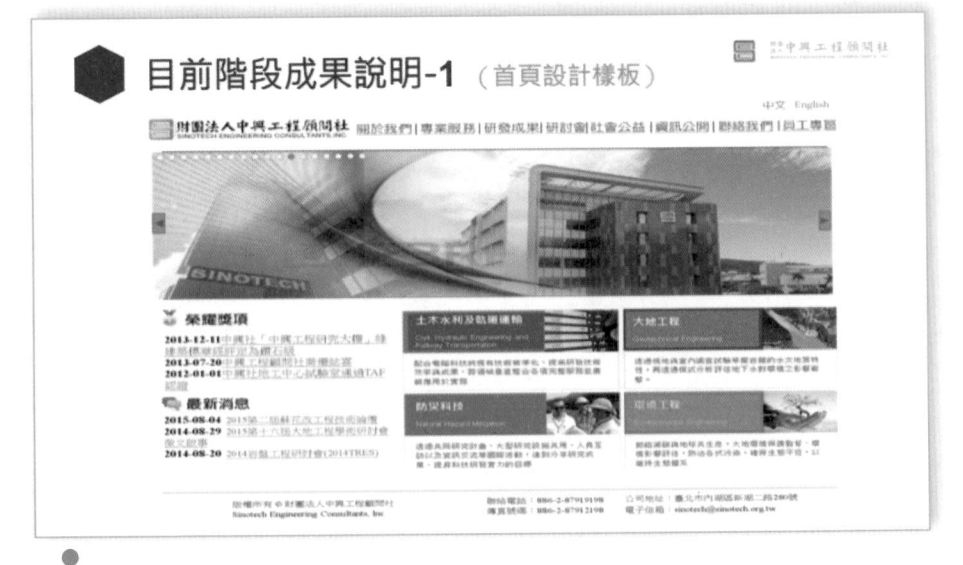

首頁設計初稿

目前階段成果說明-2 （公司沿革頁面設計樣板）

財團法人中興工程顧問社
SINOTECH ENGINEERING CONSULTANTS INC. 關於我們│專業服務│研發成果│研討會│社會公益│資訊公開│聯絡我們│員工專區

首頁\關於我們\公司沿革

圖片

民國59年～83年

財團法人中興工程顧問社（以下簡稱中興社）係於民國59年4月，由政府、公營事業及學術團體等捐助成立，設立宗旨為協助政府推動水利、電力及其他公共工程建設，以提升我國工程建設相關技術水準，並對外技術輸出。

中興社主要從事水利、電力、都市建設、工業及農業建設、環境、土木、交通、建築、機械、電氣工程之研究、勘測、規劃、設計、檢驗、施工監督及工程管理等服務，橫跨參與國內外重大建設達2,500件。

中興社自民國82年起拓展海外業務，遍及沙烏地阿拉伯、印尼、菲律賓、越南、中南美等國，民國67年中興社連續12年擔任美國工程新聞雜誌（ENR）評鑑為世界前二百名之國際設計顧問機構，充分顯示中興社在國內外良好的聲譽。

中興社亦將盈餘撥入人才研究基金，用於研究發展、獎勵在學優良學生，就培育工程人才，提昇技術水準及技術勞務輸出等方面，均符合當時政府推動設立本社之目的。

民國83年迄今

中興社於民國83年3月響應政府企業民營化政策，將工程顧問業務及工程人員均轉到新成立之中興工程顧問股份有限公司。

中興工程顧問公司專可工程顧問業務；改制後的中興社定位為工程技術研究機構，負責研發工程建設相關技術，辦理研究發展、人才培育及技術服務等業務。

中興社自民國92年起，三度擴展科會研定為土木類優等研究機構。

近期中興社任務調整為技術開發、人才培育與技術服務，中興社發展成為以工程研究為核心的技術服務機構。

部分頁面設計初稿

心得與經驗分享

- **內容風格應與企業簡介摺頁、對外簡報內容一致**
- 版本控管要求
- **每頁資訊應精簡，避免過多**
- 編碼→Page名稱、folder名稱、相關images素材存放位置
- **拍攝及蒐集照片、網頁美工為重點**
- 工作公用目錄
- **時程要求**

執行至今心得

V 對任何對象做簡報

依序需完成設計之頁面

工作重點說明

可能遇到的挑戰

挑戰 01

企業品牌形象
尚未完整建立

挑戰 02

頁面內容所需圖片、
影片、文字資料不足

挑戰 03

各部門對於美工
設計看法不一

挑戰 04

後續維運更新
機制尚未確立

167

預估可能困難點

對象4：對團隊專案報告

解決對策-1

中國工程顧問社

挑戰 01

企業品牌形象
尚未完整建立

⬇

建立品牌承諾、工
作準則及品牌準則
規範，以利共識推
動相關業務

挑戰 02

頁面內容所需圖片、
影片、文字資料不足

⬇

配合各部門相關人
員作業安排攝影和
人員配合取景及訪
談

挑戰 03

各部門對於美工
設計看法不一

⬇

安排開發團隊、各
單位跨部門會議頁
面設計稿討論定稿
後正式開發

挑戰 04

後續維運更新
機制尚未確立

⬇

協調後續維運更新
機制及權責人員並
請其參與開發團隊
工作會議

因應對策說明

解決對策-2

採用國外成熟、開源網站架構

結合運用Google Site Analysis, Captcha, Youtube等外部服務

圖片來源：http://www.sageframe.com & https://www.arup.com

解決資源不足對策

解決對策-3

讀書會

- 自行撰寫程式
- 踩在巨人的肩膀
- 混搭使用
- 於○月○日讀書會分享心得

針對成員對外部工具軟體不熟悉，提出解決對策

階段性成果總結-1

引入網站設計主流技術及平臺

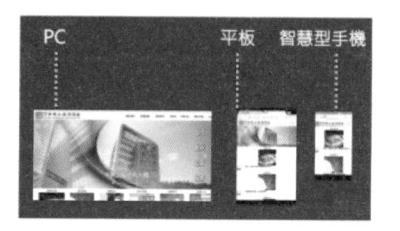

✓ 採用**Responsive Web Design(RWD)**設計技術
　介面設計跨越手機、平板、筆電、桌機等多種載具
　使用者只需學習一種模式就能在各平台中自由操作

✓ 一致性的設計風格
　有助於品牌印象的建立，容易讓使用者記憶深刻

✓ 整合性管理後台
　只需透過後台管理系統即可控制各網頁顯示內容
　節省後續網站維護成本

網站設計主要特色說明

階段性成果總結-2

首頁
彙整使用者關心議題及提供資訊入口
透過圖片輪播傳達企業歷年成果

首頁設計初步成果

結語

01 對外網站明確傳達企業經營內容與目標
明確傳達企業經營內容與目標強調公司特殊性、獨特性、創造性

02 適度引入外部專業能量協助
依據團隊能力即可運用資源，適度引入外部專業能量，如期如質完成

03 及早擬定對策
因應可能遇到的挑戰，及早擬定對策避免影響專案執行

04 先求有再求好
若遇資料不足，先求有再求好，逐步達成目標。如有困難，須適度調整計畫因應

總結說明

謝謝大家，臨時動議

紹強的「靈門一角」：

Plan our work
Work our plan

　　這是一個Team Leader對專案團隊的簡報，看的出來Leader對專案管理非常有經驗，9個月的專案分成不同階段，從計畫整體全貌的回顧、上次決議要完成的內容追蹤、本週補充的資訊、問題的溝通協調與解決，與未來的展望，Plan our work & work our plan，就像列車經過嚴謹控制的一站又一站，最終達到終點站，完成被讚美的改版網站。

　　投影片顯示計畫主持人希望用對比鮮明的色彩，傳達專案團隊熱情與活力，先以大綱式有條不紊地列出1至11項內容；再將龐大資訊量製成各式各樣的圖表，整理出重點後，讓專案團隊一目了然；並插入網站頁面截圖做更明確的說明，相信也能讓專案團隊清楚明瞭每一個階段的工作重點。

　　最後，很多會議是在解決已產生問題，這個MIS團隊不僅處理問題，在各階段都先預估下一階段可能會遇到什麼挑戰，先思考解決的對策，所以最終能如期完成這個重要的任務。有了這樣的成功經驗與能力，相信未來資通訊科技即使日新月異，MIS團隊從資訊維護、功能擴充調整及未來的再進化，也都會有很好的成果與效益。

對象 5：對客戶行銷提案

　　現代工商社會競爭激烈，對客戶行銷提案的簡報，是推動公司成長與產品銷售中不可或缺的職場技能。相對於B2C顧客做決定的單純，B2B的客戶決策者可能好幾個人，還常常是高階主管加上採購單位，過程更複雜且難度更高。因此行銷提案必須結合好的思維力、文案力、行銷力和簡報力。

　　對客戶行銷提案前，首重用對方的格局思考，瞭解客戶的需求是什麼，彙整自家公司的強項和競爭對手的不足之處，找出自己的優勢，妥適安排在簡報之中。內容編排上，也要將簡報重點結合圖表，用一張投影片呈現。大企業的老闆們總是來去匆匆，可能會在提案簡報的任何一刻出現，因此，用一張投影片就要能綜觀全局，就算企業主簡報到一半才趕來，馬上回頭來講這張投影片，也能幫自己和對方快速做好前情提要，用最短時間說明。

　　信任是行銷最重要的關鍵，除了公司的品牌知名度、簡報是否能凸顯商品服務的特色、帶給客戶的利益價值、說出客戶心底真正的願望，這樣的一場重要的簡報，更是讓客戶信任、最終提案能否成交的關鍵因素。

　　接下來，我們透過企業的實際案例，讓讀者瞭解對客戶行銷提案的重點：

企業實例：中華電信

　　21世紀的企業，要有「規模」和「速度」才有競爭力，無論是實體規模、虛擬規模或勢力規模，都需要運用網路來串連打造；企業對內對外的速度，更需仰賴數位與科技的運用。在如今的數位轉型時代，全球趨勢熱烈擁抱數位浪潮，通訊技術的推陳出新，催生各種日新月異的商業模式，誰能善用網路科技，快速改變，誰就是贏家。

　　身為台灣規模最大的綜合電信業者，中華電信服務領域涵蓋固網通訊、行動通訊和數據通訊三大領域，致力促進全球化即時訊息溝通，近年更專注於電信網路與資訊科技的整合運用。除了擁有豐富的網路和資訊設備管理維護經驗，更能提供企業客戶全面且多樣化的資通訊管理方案（Network Managed Service, NMS），讓客戶將網路及資訊設備委由中華電信代為管理及維護，為客戶提供嶄新的商業模式。

　　向各家企業推廣這項專業服務的領域，要透過簡報並得到聽眾的青睞與贊同，才能接到訂單。當然簡報的聽眾都是企業的老闆和資訊主管，如何打動客戶的心，考驗簡報者的簡報功力。我們一起來學習電信業龍頭的做法：

簡報設計表：

1. 事先打聽場合：

場合	在客戶公司做行銷提案簡報
身分	業務經理主講，另有一位 IT 專業人員協助
流程	行銷簡報會議的單一議題
時間	15 至 20 分鐘

2. 瞭解聽眾，百戰百勝：

對象	企業總經理、營運長及資訊部門主管
特性	企圖心強、有求知慾、實事求是、理性
需求	趨勢、對公司整體的效益、其他成功案例
人數	4 至 5 人

3. 為簡報訂立大綱：

主題	數位經濟時代的好夥伴——中華電信 NMS 服務
目的	告知性☆☆☆、說服性☆☆、娛樂性——
目標	引發客戶的興趣，進行下一階段進階的提案
策略	確實對到客戶的困難

4. 建立起承轉合架構：

起（2 分鐘）	破題，企業在數位經濟時代的成功關鍵
承（5 分鐘）	中華電信提供的服務，可協助企業跟上時代
轉（5 分鐘）	成功案例與實際效益
合（3 分鐘）	中華電信的差異化與成效保證

投影片分頁腳本：

區分	序號	投影片 (視覺)	口述重點 (聽覺)
起	1	封面	自我介紹：企業的最佳夥伴
	2	內容大綱	企業在數位經濟時代的成功關鍵
	3	重點摘要	透過資通訊架構轉型，提升貴公司的競爭力
承	4	企業資通訊的趨勢	因應產業快速變化，資通訊管理應有新做法
	5	企業資通訊的挑戰	大部分企業遇到的困難：人、財、購、網
	6	中華電信 NMS	選擇可信賴的服務商，快速取得所需資源，並可專注於核心本業上
	7	服務範圍五大面向	中華電信產品服務總覽，協助貴公司達成目標
	8	服務模式六大特色	豐富資通訊基礎架構資源，專業規劃建置維運一條龍
	9	方案優勢	中華電信提供最完整、最專業的服務
轉	10	案例分享：○○客戶	○○企業簡介
	11	NMS 服務導入前	分店訊號不良，顧客抱怨不斷
	12	中華電信顧問團隊的協助	先診斷再規劃的全方位顧問服務
	13	NMS 服務導入後	解決客戶網路長久以來的問題，整體較傳統方案節省 20% 以上
	14	價值與效益	提升維運品質，增加業務擴充彈性

合	15	與傳統方案的差異	中華電信同時具備資訊公司的專業與顧問能力＋電信公司的規模與維運經驗
	16	NMS 對企業的效益	管理面效益說明
	17	NMS 對企業的效益	業務面效益說明以及具體的數字
	18	封底	邀請下一次、針對服務細項深入說明的簡報

V
對任何對象做簡報

自我介紹：企業的最佳夥伴

內容大綱

1 / 企業資通訊的趨勢與挑戰

2 / 中華電信NMS全方位解決方案

3 / 方案案例分享

4 / NMS帶給企業的效益

企業在數位經濟時代的成功關鍵

重點摘要

中華電信
Chunghwa Telecom

趨勢與挑戰

■ 企業通訊的趨勢

變‧轉‧專‧合
產業變化‧數位轉型
專業分工‧策略合作

■ 企業通訊的挑戰

人‧財‧購‧網
人力、能力不足
預算與財務壓力
設備、服務統合管理不易
缺乏網路架構規劃與優化

NMS方案內容

■ 服務範圍五大面向

| 應用服務 | 通訊網路(WAN) |
| 資安服務 | 終端設備(LAN) |
| 雲端/資料中心 |

■ 服務模式六大特色

1. 設備代建代維
2. 顧問式整體規劃
3. 彈性的財務模式
4. 端到端系統監控
5. 0800 單一報修窗口
6. 滿足 SLA 維運水平要求

執行將帶來的效益

■管理面 | 效益增加 |
規劃、人力資源、維運等面向

■業務面 | 降低成本 |
業務、財務、採購等面相

■ 整體
降低因伺服器和網路故障導致意外停機時間88%，與IT基礎架構成本24%
提高IT人員的生產力42%
厚植企業競爭力

透過資通訊架構轉型，提升貴公司的競爭力

企業資通訊的趨勢

中華電信
Chunghwa Telecom

變　　轉　　專　　合

產業變化

金融業的Fintech
製造業的工業4.0
流通業的新零售

跟得上變化的企業
是贏家

數位轉型

大數據
人工智慧
物聯網

等數位轉型創新
是改變競爭態勢
的關鍵武器

專業分工

專注於核心本業
透過委外增進效率

打造不可替代的
優勢

策略合作

方案越來越複雜
結合不同領域專業
快速取得所需資源

打群架勝過單打獨鬥

因應產業快速變化，資通訊管理應有新做法

企業資通訊的挑戰

人　　財　　購　　網

經營管理議題	維運作業問題

人力、能力不足
設備多樣化，難以具備不同維運專業人員，人力配置於業務創新面不足

預算與財務壓力
大型專案有一次性大筆支出壓力，希望有財務操作彈性（資本支出 vs 費用支出）

設備、服務眾多統合管理不易
缺乏可信賴合作夥伴與一次到位服務，設備、服務廠商眾多，採購作業冗長；廠商維運窗口不一，管理困難

缺乏網路架構規劃與優化
系統網路繁雜，無人力及能力規劃與管理，網路或服務異常，找不出問題點；缺乏新技術（如SDN）規劃與導入能力

大部分企業遇到的困難：人、財、購、網

中華電信NMS　　NMS (Network Managed Services)

以中華電信的網路為核心，延伸出各式「服務」滿足客戶資通訊需求，免除客戶自行建置、管理與維運所造成的繁雜議題，以下為不同服務模式的比較：

比較項目	Professional Services 專業服務	Cloud Services 雲端服務	Managed Services 代管服務
服務範圍	專案議定	標準的資通訊服務項目	明確的資通訊項目 但可依照客戶需求進行調整
財務模式	一次性專案費用	依使用量付費	資本支出轉為費用支出（月租費）
服務地點	客戶端	遠端	遠端+客戶端
交付模式	專案合作型態 協助客戶建置	高度標準化服務內容 常以自助服務方式提供	選擇性代管 幫客戶建置與維運
服務時程	專案時程（數個月）	彈性隨需	一定時間範圍（如：1-5年）

選擇可信賴的服務商，快速取得所需資源，並可專注於核心本業上

服務範圍五大面向

中華電信 Chunghwa Telecom

終端設備 (LAN)	通訊網路 (WAN)	雲端/ 資料中心	資安服務	應用服務
終端裝置與 設備服務	**品質最佳的 連線基礎**	**安全可靠的 運作環境**	**端到端的 完整安全防護**	**中華資通訊 加值服務**
交換器、路由器、防火牆、平板等設備採購、建置、維運、管理	國內外點對點專線、企業上網、VPN虛擬網路、行動上網、Wi-Fi服務	中華電信HiCloud雲端平台、全國IDC資料中心租賃	SOC資安維運中心、PKI憑證架構、APT偵測防護、DDoS阻斷攻擊防禦	影像監控(千里眼)視訊會議、音樂公播、行動裝置管理、產業別應用等

中華電信產品服務總覽,協助貴公司達成目標

服務模式六大特色

整合式建置 / 管理 / 維運服務

中華電信 Chunghwa Telecom

設備 代建代維	■ 不需要自行採購、自行建置、自行維運 ■ 包含網路設備、資安設備、終端設備	彈性的 財務模式	■ 月租費模式 ■ 減輕大型專案初始費用的負擔
端到端 系統監控	■ EyeSee監控系統,從WAN到資料中心內部的完整監控平台 ■ 依客戶需求提供月報表	0800單一 報修窗口	■ 提供單一服務窗口,有效追蹤問題處理進度
顧問式 整體規劃	■ 跨領域顧問團隊規劃 ■ 解決現有的架構問題 ■ 提供嚴謹的架構驗證(POC)服務	滿足SLA維 運水平要求	■ 配合客戶作業模式提供7*24服務 ■ 對於關鍵系統,提供問題處理時效保證

豐富資通訊基礎架構資源,專業規劃建置維運一條龍

方案優勢

 中華電信 Chunghwa Telecom

方案的彈性與完整性

- 產品線廣，客戶可一次購足
- 客製化，依需求量身打造
- 資安:資安艦隊提供各大廠方案
- 網路:Cisco電信經銷夥伴

服務品質衡量機制

- 滿足SLA訂定要求
- 服務監控，整合式儀表板掌握全局
- 告警機制，快速回應異常狀況
- 定時提供服務績效報表

規劃顧問團隊

- 超過300張專業證照
- 在創新網路技術、雲端服務、物聯網、大數據、人工智慧等，提供前瞻的技術支援
- 電信網路核心技術分享(SDN/NFV)

維運服務團隊

- 承擔國家重要基礎架構，擁有最佳實務經驗與標準作業流程
- 全台各地都有服務據點，可就近解決維運問題
- 0800單一客服窗口，協助進行派工與故障追蹤

中華電信提供最完整、最專業的服務

案例分享 | OO客戶

中華電信 Chunghwa Telecom

產業別　連鎖流通業

產業別　約400 家 (含海外分點)

客戶背景　過去由自己的 IT 團隊管理集團的資通訊服務，其中含總部資料中心及國內外據點；客戶也租用中華電信 IDC機房與雲端服務，整體資訊系統架構龐大且複雜

希望解決的議題

- 上網壅塞，不穩定
- 分點數量多，維運人力調配吃緊
- 外部網路與VPN串接不順
- 國內外據點皆缺少備援機制
- 資訊預算有限

OO企業簡介

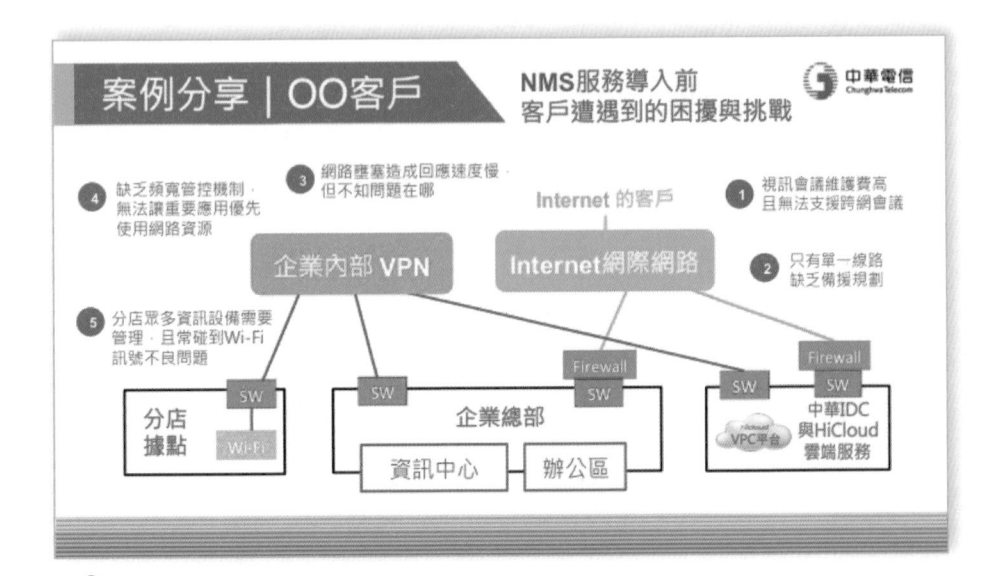

分店訊號不良，顧客抱怨不斷

先診斷再規劃的全方位顧問服務

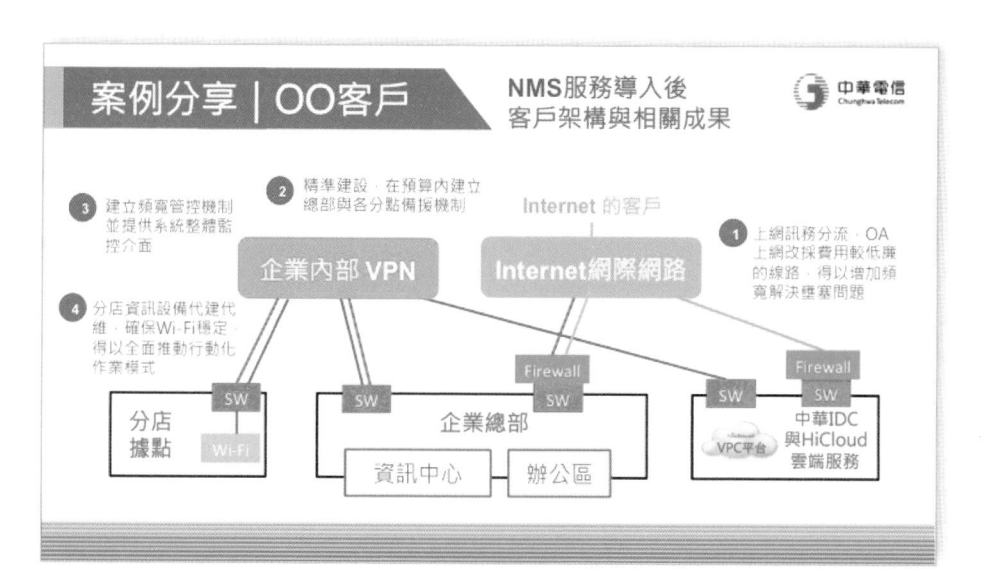

解決客戶網路長久以來的問題，整體較傳統方案節省 20% 以上

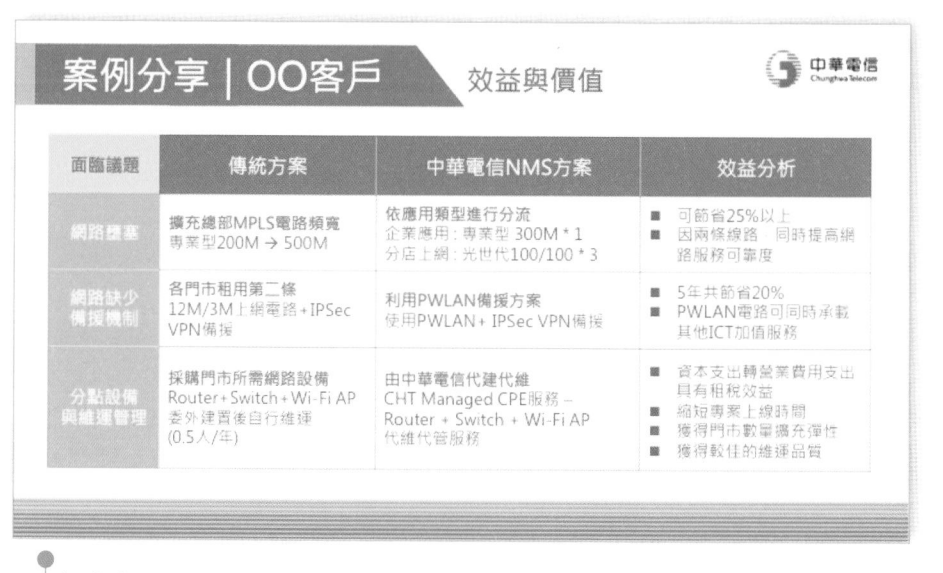

提升維運品質，增加業務擴充彈性

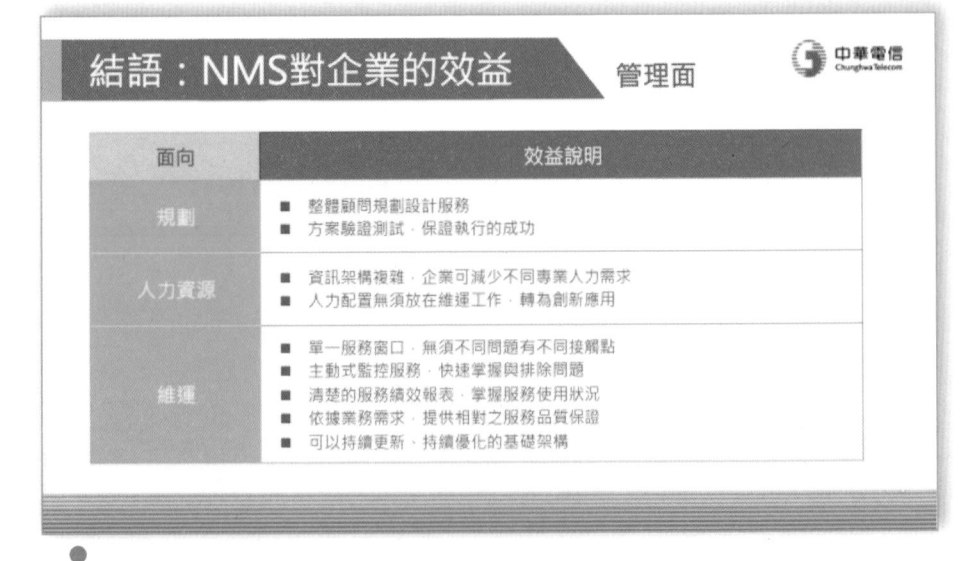

V 對任何對象做簡報

與傳統方案的差異　中華電信 Chunghwa Telecom

比較項目	傳統資訊方案	中華電信NMS方案	傳統電信方案
產品線廣度	無法提供通訊服務	涵蓋線路、雲端到應用 同時也是設備的經銷商	服務產品線少
企業客戶服務能力與經驗	跨領域須結合多家廠商	大型專案整合服務經驗豐富 規模與營業額遙遙領先同業	起步過晚
服務據點與人力	特定城市才有分公司 人數不多	全國各縣市皆有服務據點 專業證照最多	維運服務團隊人數匱乏
財務模式選擇	無法將資本支出 轉為費用支出	合作可以選擇不同的財務模式	合作可以選擇不同的財務模式
監控與報表服務	監控無法看到電信端情況	領先推出監控服務 可以監控WAN到LAN的狀況	尚未有整合式監控服務
單一客服窗口	網路問題與設備問題 須找不同窗口	0800單一服務窗口 可以一次解決相關問題	尚未有整合式客服窗口

中華電信同時具備資訊公司的專業與顧問能力＋電信公司的規模與維運經驗

結語：NMS對企業的效益　管理面　中華電信 Chunghwa Telecom

面向	效益說明
規劃	■ 整體顧問規劃設計服務 ■ 方案驗證測試，保證執行的成功
人力資源	■ 資訊架構複雜，企業可減少不同專業人力需求 ■ 人力配置無須放在維運工作，轉為創新應用
維運	■ 單一服務窗口，無須不同問題有不同接觸點 ■ 主動式監控服務，快速掌握與排除問題 ■ 清楚的服務績效報表，掌握服務使用狀況 ■ 依據業務需求，提供相對之服務品質保證 ■ 可以持續更新，持續優化的基礎架構

管理面效益說明

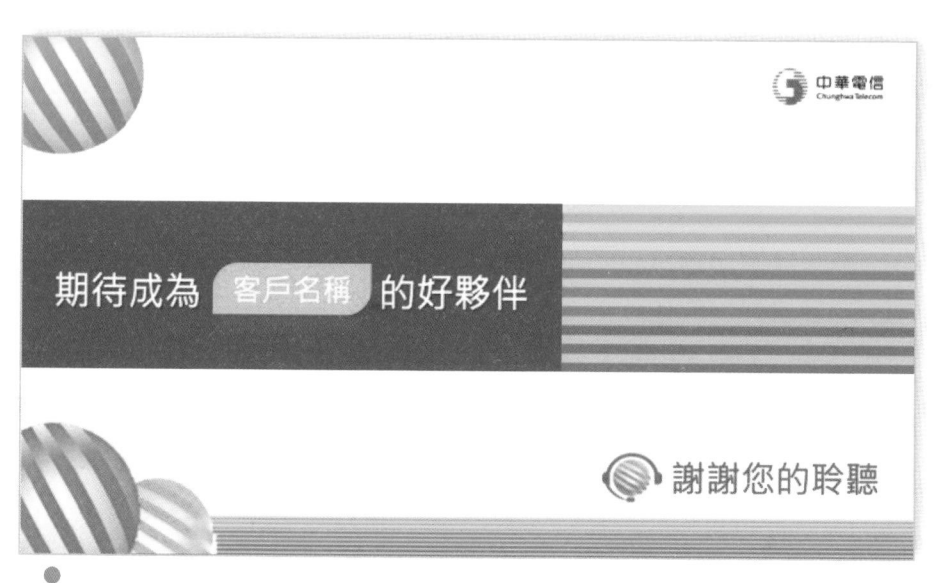

業務面效益說明以及具體的數字

邀請下一次、針對服務細項深入說明的簡報

紹強的「靈門一角」：

經營夥伴關係
創造火紅契機

這是一場對客戶的行銷簡報，要協助企業完整資通訊轉型，成交金額從數百萬到數億元不等的決策，很難透過一場簡報就完成，所以目標非常清楚，就是引出客戶需求並邀約下一次的進階說明。簡報先打開聽眾的視野，再點出客戶現狀的不足與痛點，兩者間的差距就是行銷的契機；接下來電信龍頭全方位的技術服務就是解決方案，將企業的期望與中華電信的核心能力連結，並透過成功案例的明確效益佐證，站在客戶立場出發的觀點，就能夠得到客戶的青睞。

因為聽眾有總經理、營運長，需求是效益與數字，不能全是專業的「行話」；而資訊部門的主管又希望瞭解專業的內容，因此需找到專業適量的平衡點。投影片資訊雖然非常多，但將敘述式的文字改以列點分析，透過明顯的大標、次標、以及色塊的區隔，看起來有條不紊，圖表呈現讓聽眾抓住重點、結合公司的CI的色彩變化，讓聽眾深刻印象，優異的排版就能傳遞行銷的活力。

最後，簡報題目中的「夥伴」精準點出行銷的精髓，以夥伴關係定位，經營客戶的信任，在專業分工、策略合作的趨勢下，企業把資源和時間放在自家的核心競爭力上，透過中華電信的協助，可取得更多的資源。用心成為客戶的好夥伴，協助客戶解決問題、關心客戶所面對的市場，用自家的產品服務為客戶創造更火紅的契機，那麼行銷自然無往不利。

對象 6：與專家研討交流

　　研討會是學術交流與發表新知的場合，常常是專家學者對論文的審查講評，決定論文是否能通過發表，研究生能否通過畢業門檻，教授是否通過評鑑與升等的重要關鍵。企業界也會因業務上的需要，對專家研討交流，分享討論有實用價值的經驗、技術與知識，奠定產業的專業地位或尋求新的市場與商機。

　　專家之所以能夠稱為專家，必定是專攻某一特定領域、擁有專業能力並累積許多的知識與經驗，往往也是在此領域被眾人尊敬的對象。所以與專家交流研究時，態度要不卑不亢，內容必須要深入，最好將簡報內容的觀點說明交代清楚，並預留專家講評的空間，以求進入更深一層的境界。若在此領域遇到了什麼問題，也要誠懇提出，尋求專家的建議。

　　一般學術性簡報內容常常涉及理論和文獻，所以簡報者通常會準備非常多內容，如何在有限時間整理出重點，並製作圖文並茂的投影片，是這類型簡報的關鍵。若一場研討會有幾場類似主題的簡報，同場發表的人大都是和自己研究主題相近的同業，凸顯自己簡報的亮點就更形重要。

　　接下來要透過企業的實際案例，讓讀者瞭解對專家研討交流的重點：

企業實例：台灣東洋藥品

　　癌症一直是台灣死亡原因的第一名，如何預防癌症，並幫助罹癌患者減輕痛苦，進而完全治癒，是現今醫學界重要的努力方向。治療癌症的藥物研發時間很長，所需資金龐大，常是國際大藥廠的舞台；台灣雖然藥廠林立，但多數是生產「學名藥」，也就是專利權過期的藥，價格與利潤都相對低廉，若能有效研發新藥，一旦成功上市產值將異常驚人。

　　台灣東洋藥品最初為傳統的學名藥廠，後來重新定位為品牌學名藥廠，以學名藥為基礎，加以改良，加入部分新藥的成分，發展「品牌學名藥」，並以自有品牌行銷，成功轉型為市場導向的研發創新公司。癌症科學發展處成立後，積極投入華人特殊疾病的研究，改良歐美的癌症治療用藥，目前已是國際特殊製劑和生物技術藥物開發及行銷生技藥廠的領導品牌。

　　在癌症治療領域中，突發性疼痛一直困擾著病患與家屬。台灣東洋藥品本著癌症病患全方位照護的精神，2013年將超速效性吩坦尼劑型引進台灣，是當時治療突發性癌症疼痛的最新療法，用支持性的症狀治療，讓病患能在疼痛控制良好的情況下，提高生活品質，並擁抱生命與希望。接下來的簡報是2015年的一場研討會，向醫師分享突發性癌症疼痛及臨床上最適的處理方法，並分享與國外接軌的新知，期許醫師能願意嘗試，讓病患有更好的體力及整體身心狀態面對積極治療，進而提升整體治療成果。

簡報設計表：

1. 事先打聽場合：

場合	A 醫學中心 X 科例行科會
身分	B 醫學中心主治醫師
流程	正式會議，於科主任科內事項布達前
時間	X 月 X 日（星期 X）下午 14:00-14:30 共 30 分鐘含問答

2. 瞭解聽眾，百戰百勝：

對象	科內主治醫師及各級總醫師住院醫師
特性	理性為主，強調實證數據及臨床實務
需求	認識突發性癌症疼痛並重視疼痛控制
人數	約 20 人

3. 為簡報訂立大綱：

主題	治療突發性癌症疼痛之最適選擇
目的	告知性☆☆、說服性☆☆☆、娛樂性——
目標	未來一週有 70% 醫師重視癌症病人突發性疼痛之控制
策略	以新知分享的方法引起醫師興趣，並願意嘗試

4. 建立起承轉合架構：

起（2 分鐘）	破題、以實際案例說明疼痛對病人的影響
承（5 分鐘）	介紹突發性癌症疼痛及盛行率，引起聽眾需求
轉（5 分鐘）	突發性癌症疼痛的治療，並點出臨床未被滿足的需求
合（3 分鐘）	超速效性鴉片類藥物是治療突發性癌症疼痛的最適選擇

對象 6：與專家研討交流

投影片分頁腳本：

區分	序號	投影片 (視覺)	口述重點 (聽覺)
起	1	主題：治療突發性癌症疼痛之最適選擇	自我介紹，並分享他院病人因突發性癌症疼痛控制得宜，生活品質獲得改善，進而在臨終前能完成自己的心願之案例
	2	大綱：突發性癌症疼痛與臨床處置	簡述簡報大綱，從瞭解突發性癌症疼痛之特色開始，帶入臨床上處理突發性疼痛的藥物種類，最終歸納出處理突發性癌症疼痛的最適選擇
	3	突發性癌症疼痛特色	突發性癌症疼痛來的快，去的也快，疼痛強度為中度到重度，並時常發生，即便在背景疼痛控制良好情況下仍會發生，帶給癌症病人許多不便
承	4	癌症疼痛於轉移性癌症的盛行率	癌症疼痛於轉移性病人中十分常見，尤其頭頸癌病人最常見
	5	突發性癌症疼痛於不同中心之盛行率	突發性癌症疼痛於安寧病人中最常見
	6	突發性癌症疼痛於安寧病人的出現頻率	突發性癌症疼痛最常一天出現 1 到 4 次
	7	安寧病人突發性癌症疼痛延續時間	突發性癌症疼痛一次的延續時間大多小於 30 分鐘
	8	治療突發性癌症疼痛用藥的黃金準則	突發性癌症疼痛用藥的黃金準則為藥品能快速有效止痛、快速排除無累積性副作用、病人方便使用且最重要的是，優於傳統口服劑型
	9	理想的癌症疼痛治療	背景疼痛穩定治療下，在特定部位發生之突發性疼痛仍需要超速效藥物治療

轉	10	鴉片類藥物的藥物動力學性質	親脂性之吩坦尼具有起效快速、作用時間較短之特色
	11	突發性癌症疼痛需要快速且方便使用的藥物	理想治療突發性癌症疼痛的藥物為靜脈注射嗎啡、經黏膜吸收吩坦尼
	12	治療突發性癌症疼痛藥物需兼顧藥效快速與使用方便兩項要素	雖針劑止痛快，但需住院施打，且會影響病人的生活品質
	13	超速效型鴉片類藥物為強效鴉片類藥物之新的一類	超速效型鴉片類藥物依劑型不同分為 OTFC、FBT 與 FBSF
	14	超速效型鴉片類藥物劑型發展歷程	美國與歐洲陸續核准超速效型鴉片類藥物使用在突發性癌症疼痛
	15	超速效型鴉片類藥物不同劑型之藥物動力學性質	由第一代的 OTFC 到第三代的 FBSF，不論是生體可用率 * 還是口腔黏膜吸收率都大幅提升
合	16	國際治療指引一致推薦 ROOs 類藥物為治療突發性癌症疼痛最佳選擇	三大國際治療指引一致推薦使用經口腔黏膜吸收之吩坦尼治療突發性癌症疼痛
	17	超速效型鴉片類藥物為治療突發性癌症疼痛之最適選擇	超速效型鴉片類藥物最符合突發性癌症疼痛之特色
	18	感謝各位的聆聽	感謝大家的參與與聆聽，若有任何疑問歡迎提出

＊生體可用率：指藥品有效成分由製劑中吸收入全身血液循環或作用部位之速率與程度之指標。

The Optimal Choice for Breakthrough Cancer Pain

治療突發性癌症疼痛之最適選擇

1

自我介紹，並分享他院病人因突發性癌症疼痛控制得宜，生活品質獲得改善，進而在臨終前能完成自己的心願之案例

Outline

1. **Breakthrough cancer pain characteristics**
突發性癌症疼痛之特色

2. **Breakthrough cancer pain treatment**
突發性癌症疼痛之臨床處置

3. **The optimal choice for breakthrough cancer pain**
治療突發性癌症疼痛之最適選擇

2

簡述簡報大綱，從瞭解突發性癌症疼痛之特色開始，帶入臨床上處理突發性癌症疼痛的藥物種類，最終歸納出處理突發性癌症疼痛的最適選擇

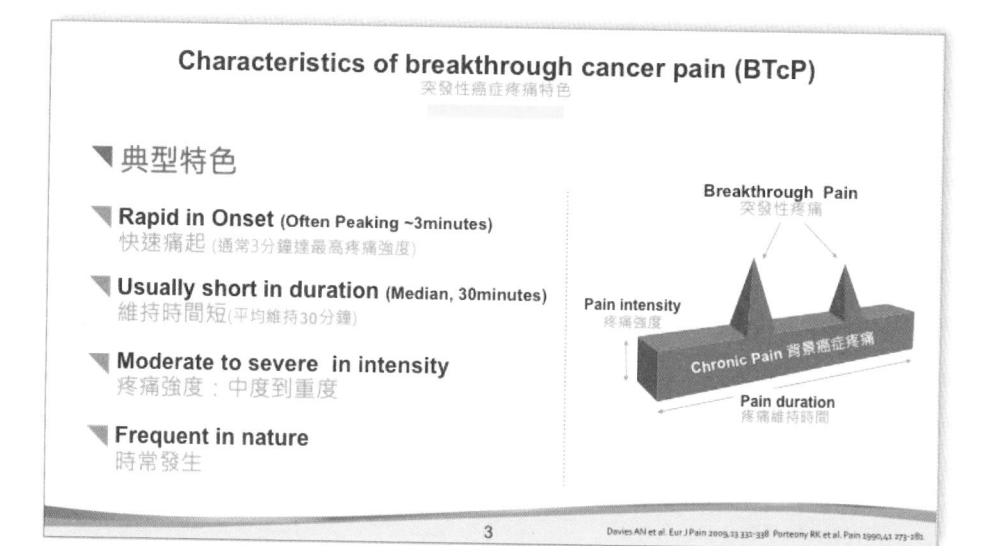

突發性癌症疼痛來的快，去的也快，疼痛強度為中度到重度，並時常發生，即便在背景疼痛控制良好情況下仍會發生，帶給癌症病人許多不便

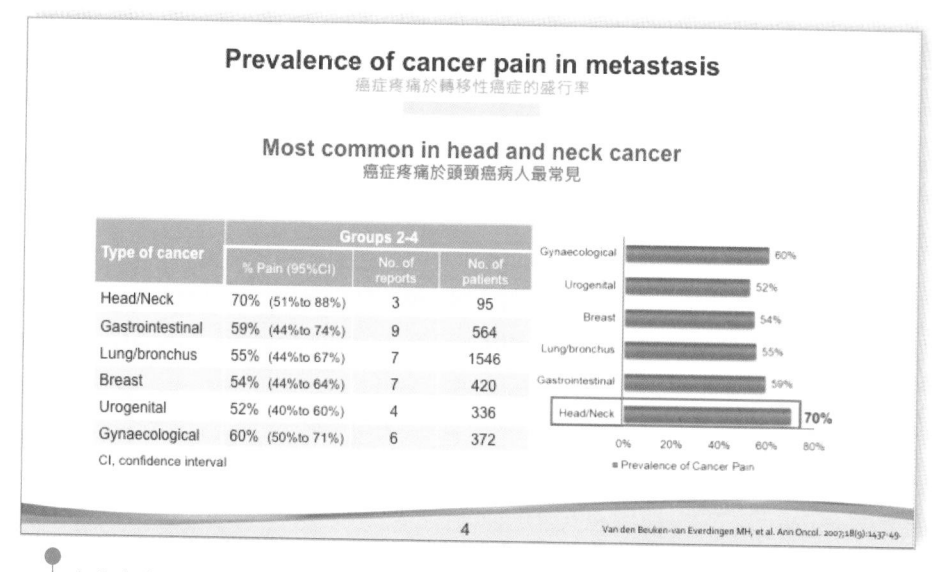

癌症疼痛於轉移性病人中十分常見，尤其頭頸癌病人最常見

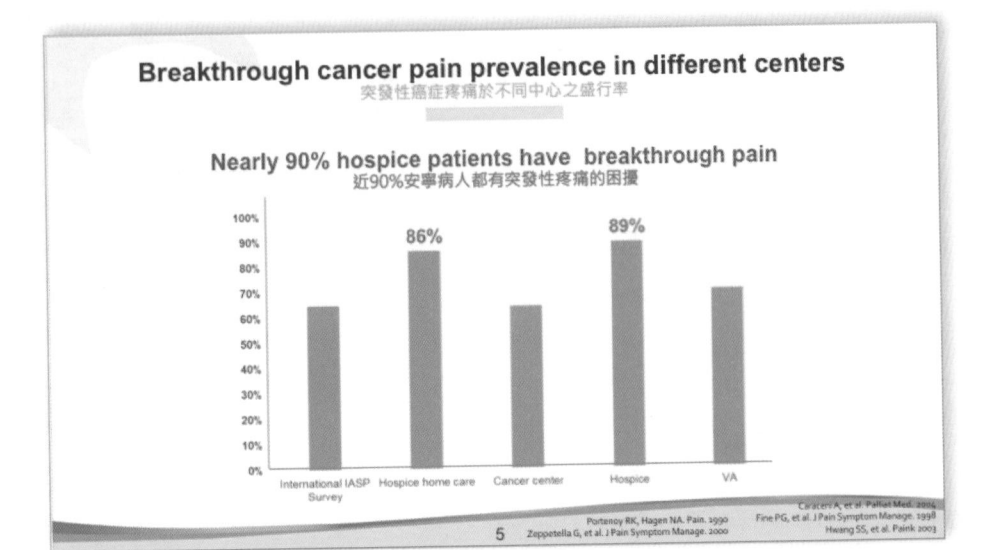

突發性癌症疼痛於安寧病人中最常見

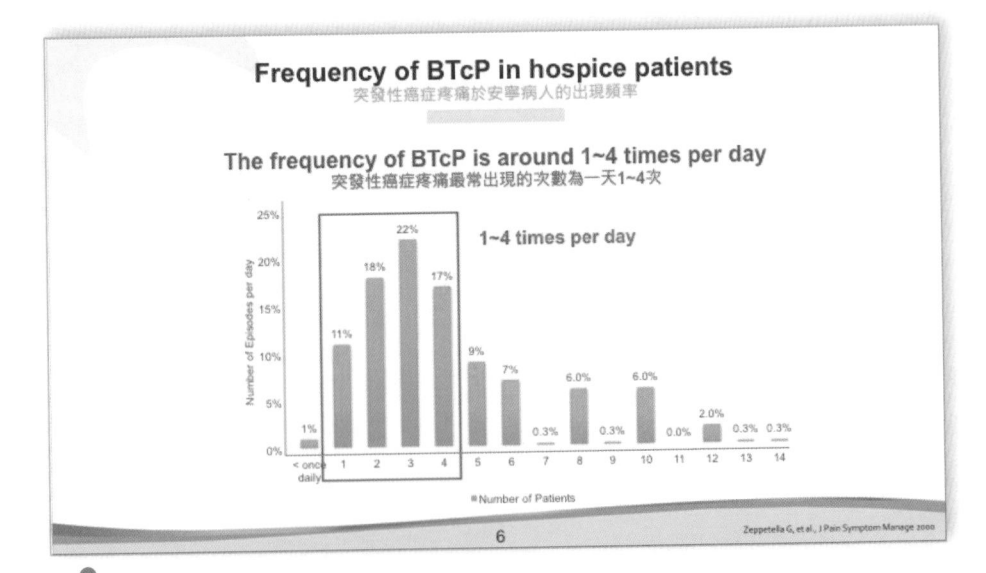

突發性癌症疼痛最常一天出現 1 到 4 次

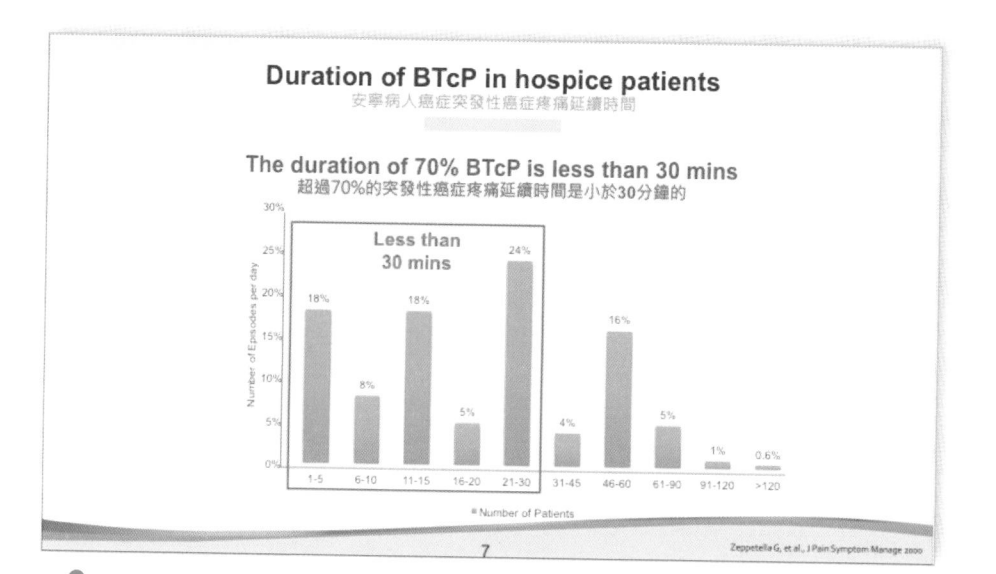

突發性癌症疼痛一次的延續時間大多小於 30 分鐘

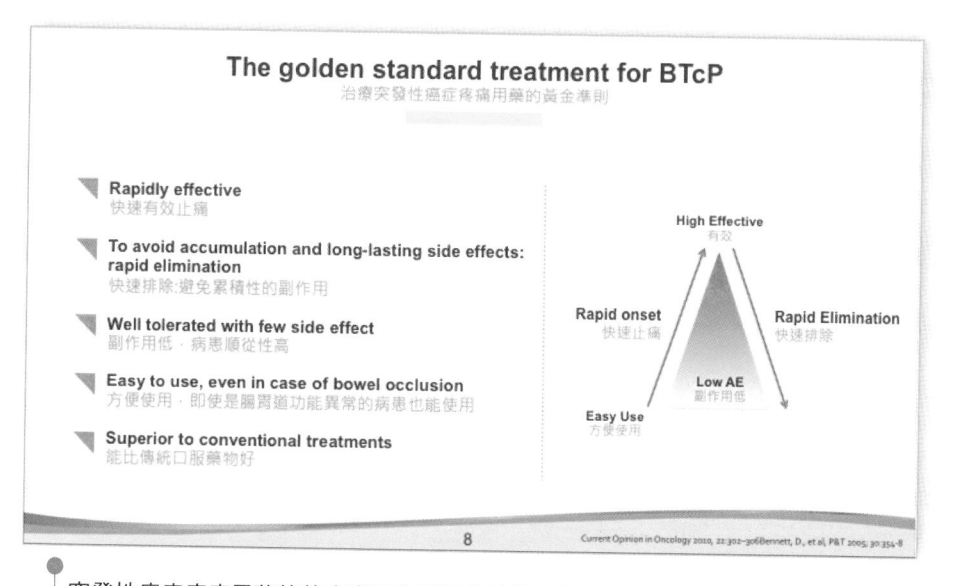

突發性癌症疼痛用藥的黃金準則為藥品能快速有效止痛、快速排除無累積性副作用、病人方便使用且最重要的是，優於傳統口服劑型

V
對任何對象做簡報

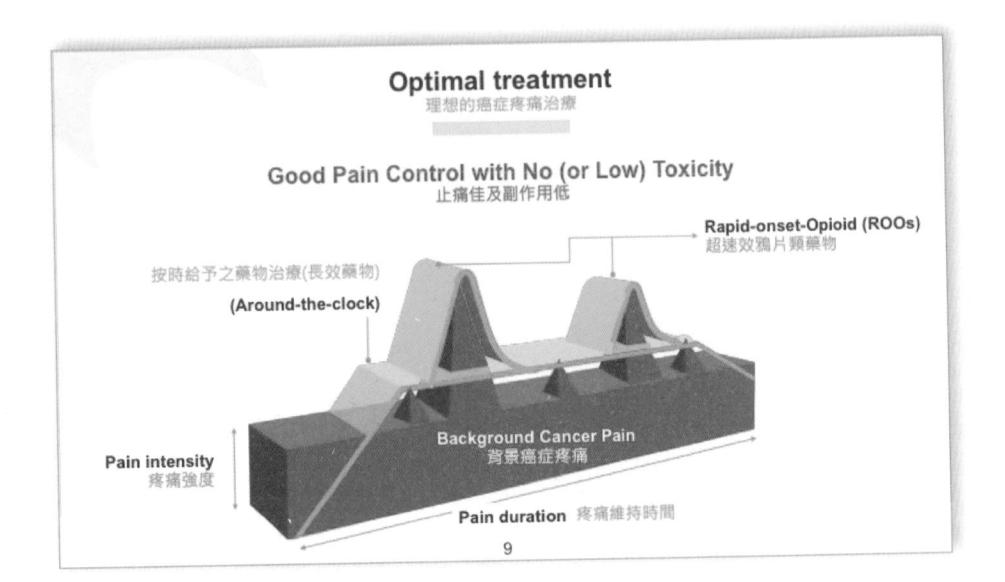

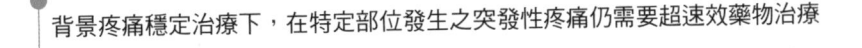

背景疼痛穩定治療下，在特定部位發生之突發性疼痛仍需要超速效藥物治療

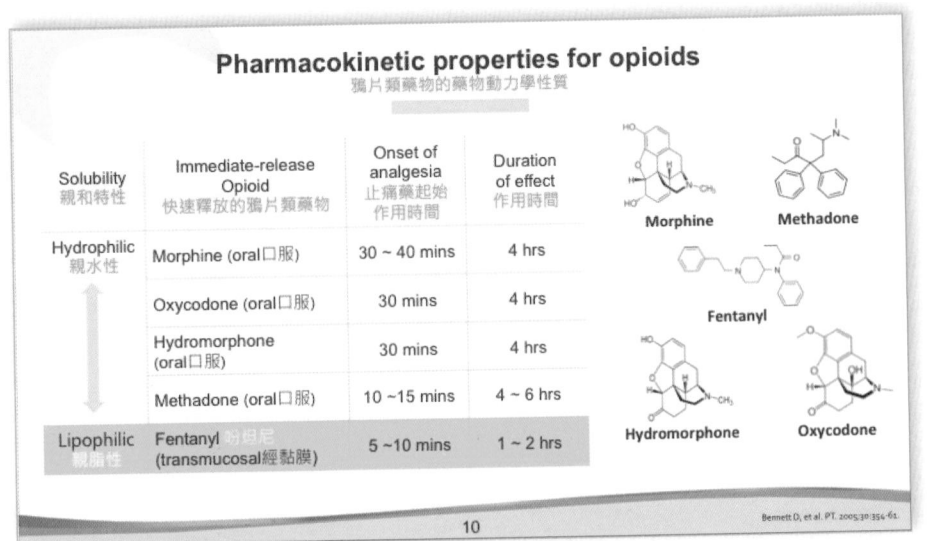

親脂性之吩坦尼具有起效快速、作用時間較短之特色

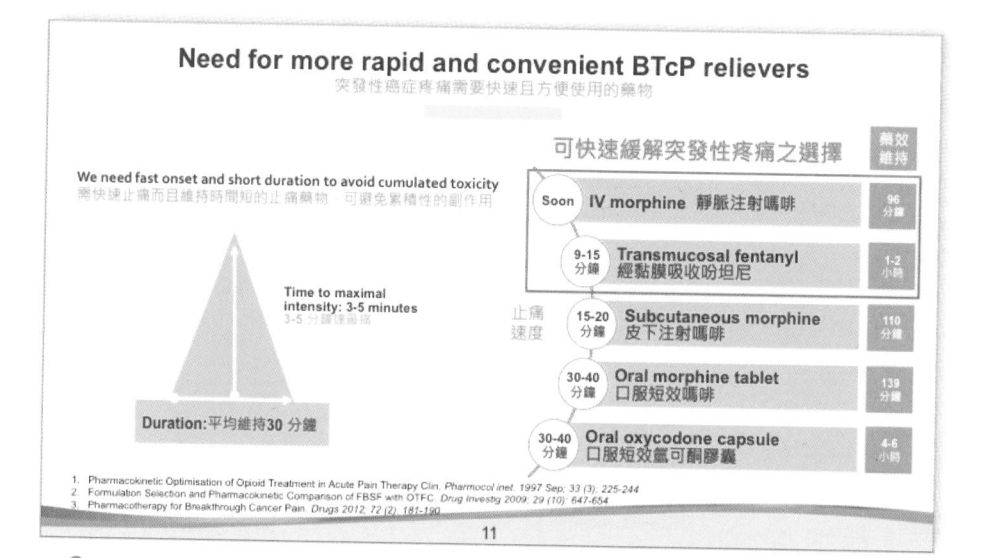

理想治療突發性癌症疼痛的藥物為靜脈注射嗎啡、經黏膜吸收吩坦尼

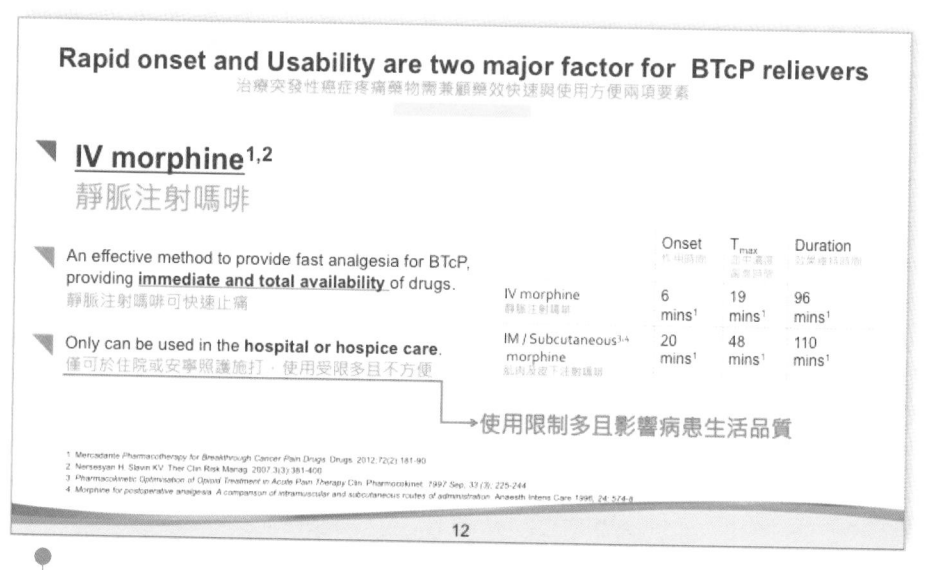

雖針劑止痛快，但需住院施打，且會影響病人的生活品質

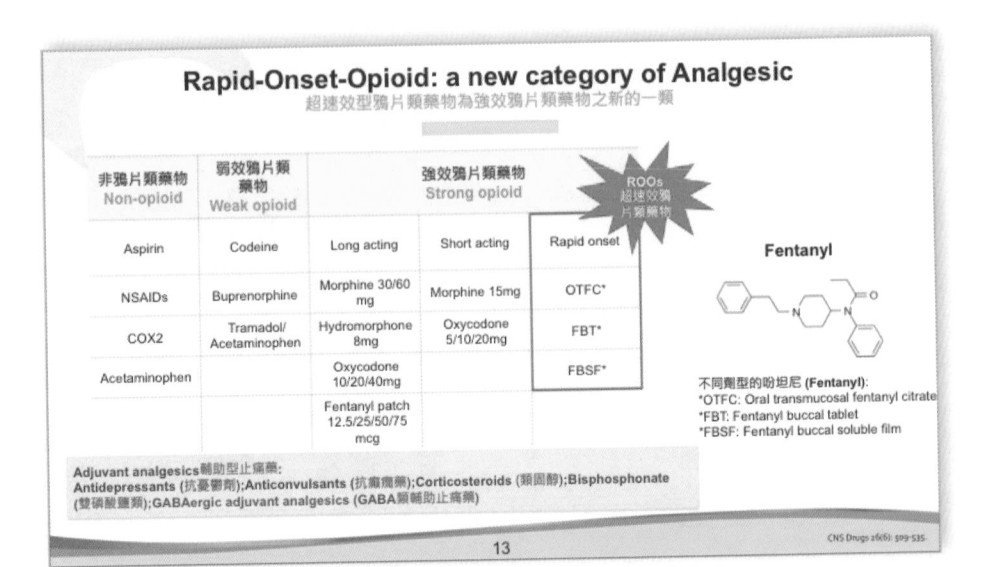

超速效型鴉片類藥物依劑型不同分為 OTFC、FBT 與 FBSF

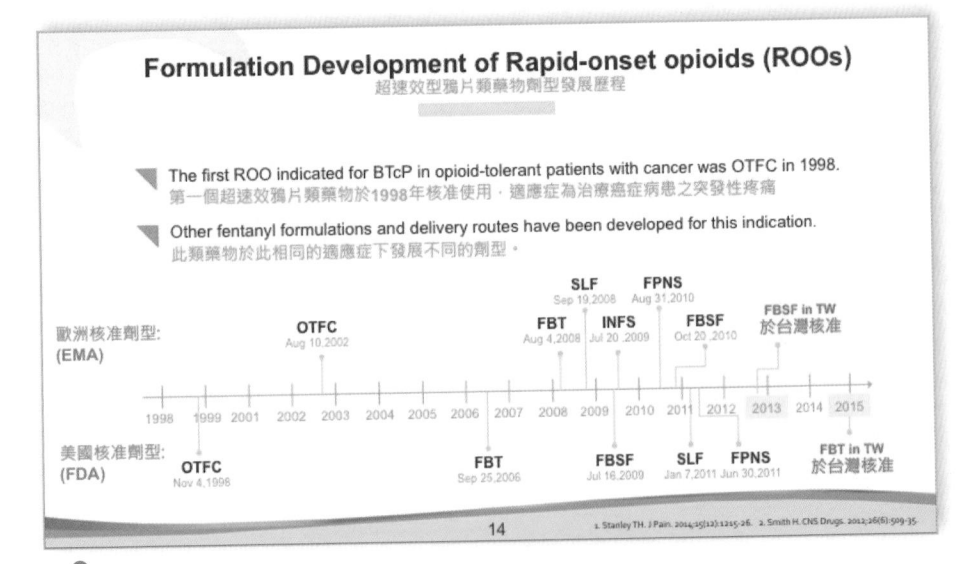

美國與歐洲陸續核准超速效型鴉片類藥物使用在突發性癌症疼痛

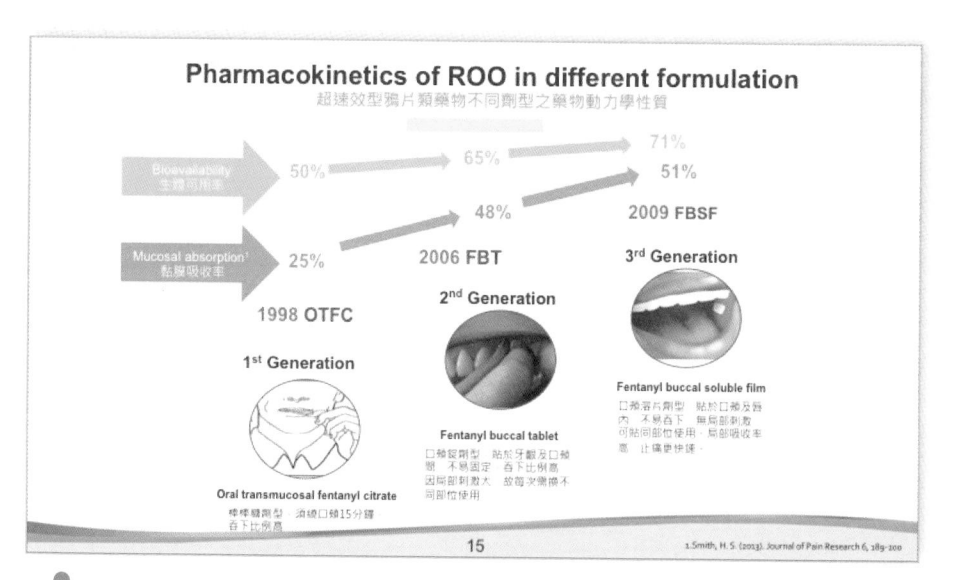

由第一代的 OTFC 到第三代的 FBSF，不論是生體可用率還是口腔黏膜吸收率都大幅提升

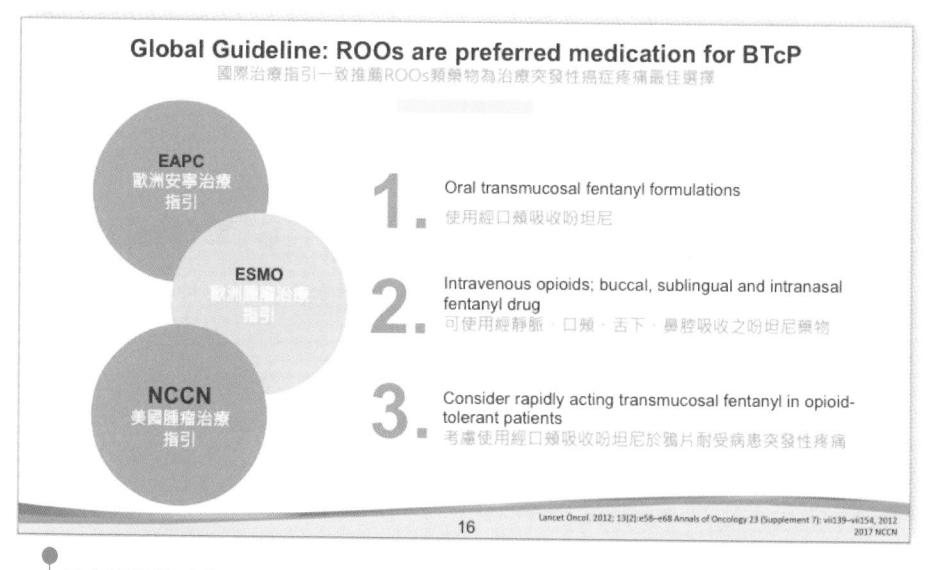

三大國際治療指引一致推薦使用經口腔黏膜吸收之吩坦尼治療突發性癌症疼痛

ROOs are the optimal choice for BTcP
超速效型鴉片類藥物為治療突發性癌症疼痛之最適選擇

▼ **BTcP: Rapid onset and short duration**
突發性癌症疼痛的特色為來得快，去得快

▼ **BTcP is common in cancer patients, which should be emphasized**
突發性癌症疼痛於癌症病人中相當常見，是臨床需要被重視的議題

▼ **ROOs are recommended by guidelines for BTcP**
超速效型鴉片類藥物為治療突發性癌症疼痛推薦之選擇

17

2018 Flaticon.com

超速效型鴉片類藥物最符合突發性癌症疼痛之特色

Thank you for your listening!

感 謝 各 位 的 聆 聽 ！

18

感謝大家的參與與聆聽，若有任何疑問歡迎提出

紹強的「靈門一角」：

對症下藥
對正下要

　　一般都是業務熟稔的專家站在台上，對不是那麼熟悉的人做簡報。但這場簡報不一樣：對專家談專業！台下坐的是各科醫生專家，可以感受投影片的內容專業詳實，結合了實際案例、介紹突發性癌症疼痛、國際治療趨勢，引起聽眾需求。最後介紹了新的治療方法與處方，並提出實驗數據予以佐證，不僅提供醫生新知和新資源，也能達到推廣新藥的目的，創造彼此雙贏。

　　投影片為了因應專家判讀，無法用大綱簡略帶過，但透過圖像說明，用尖尖的突出代表疼痛與突發性，用間隔表示頻率，讓人清楚易懂。色調與對比拿捏清楚，既有專業呈現，也不會讓忙碌的醫生在看的過程覺得壓力大，英文為主，中文為輔，字體大小與排版清楚，讓投影片看起來相當專業。

　　外科醫師暨作家許爾文‧努蘭教授（Sherwin Nuland）曾說：「同樣的病症不管見過多少次，表現在不同病人的身上，似乎都是獨一無二的樣貌。」醫生思考的疾病（disease）與病人感受的病痛（illness）會有不小的落差。所以醫生對病人的同理心很重要，瞭解病人的感受與需求，才能對症下藥；對專家講專業也需要同理心，瞭解專家的特性與需要，才能對正下要。

對象 7：對民眾教育宣導

　　企業以營利為目的，政府機關則是以服務民眾為宗旨。現今有非常多公家機關會對民眾宣導，希望藉由日常教育養成，建立民眾正確的觀念、行為或習慣。例如環保局教導民眾PM2.5的防護要領，稅捐處教導民眾如何合理合法節稅，醫院對民眾做衛教的宣導，家暴中心宣導如何避免家庭暴力等等。

　　視不同的單位和主題，宣導的場合可能會是在里民大會、企業、醫院或學校，宣導的對象可能是一般民眾、上班族、病患家屬或是中小學的學生。所謂「專業是溝通最大的障礙」，聽眾對公部門的業務與技術並不嫻熟，所以宣導時要盡可能用民眾聽得懂的語言。民眾會對過於冗長的講解說明及古板的陳述方式麻木，簡報宣導要用創新、有特色的方式，讓民眾耳目一新，才能在民眾心中留下深刻的印象，達成宣導的目標。

　　宣導時間一般不會過長，所以「口訣化」很重要，相信讀者應該記得滅火器使用三步驟是「拉拉壓」，燙傷五步驟是「沖脫泡蓋送」，洗手的口訣是「濕搓沖捧擦」。讓民眾有慾望瞭解，而且確實記住，才是成功的宣導。

　　接下來，我們透過實際案例，讓讀者瞭解對民眾教育宣導的重點：

政府機關實例：高雄市消防局

　　生活中，不免有些意外發生，而通常面對這些突發狀況，一般人較難快速做出正確的處理及反應。例如身邊的人突然失去意識及呼吸心跳，若是未有正確的急救知識，不僅是失去搶救一條寶貴生命的機會，更會在當事人心中留下難以抹滅的遺憾或傷痛，所以我們每個人都應學習基本的急救常識與技巧。

　　走過高雄石化氣爆的災後重建，相信讀者仍記得當時在第一線堅守崗位、努力救災的打火弟兄。默默守護市民的高雄市消防局，除了在意外和災害來臨時，捍衛高雄市民的生命安全外，更積極推出全國首創的「高雄市119」APP，可透過GPS或上網方式進行定位，縮短報案時間及提高案發地點準確度，並提供消防、救護及相關災害防治資訊，供查詢宣導，並教育民眾災害預防與應變。其中急救常識與技巧的心肺復甦術（CPR）宣導，除了舉辦公開的宣導活動，讓有興趣的民眾可以自由報名參加，也直接到民眾集會所在地進行宣導。每年的宣導活動也會跟著最新資訊的更新而有所不同，例如原本的CPR口訣「叫叫ABC」逐漸改為現在配合AED的「叫叫CABD」及簡易民眾版的「叫叫CD」。

　　此場簡報是高雄消防局的教官在里民大會對民眾的宣導，目的在培養民眾對CPR+AED的基本認知，以及實際面對突發狀況該如何做出適當的處理，設法提升「到院前無生命徵象傷病患（OHCA）」的救活成功率。為了要有效地讓民眾聽懂且專注投入，以易懂、易執行的簡報內容及互動式的簡報方式，讓民眾能確實學會。

簡報設計表：

1. 事先打聽場合：

場合	○○里民大會
身分	高雄消防局教官
流程	里民大會中場宣導
時間	Ｘ月Ｘ日（星期Ｘ）下午 2:00 至 2:30 共 30 分鐘含問答

2. 瞭解聽眾，百戰百勝：

對象	一般民眾
特性	男女老幼都有，適合口語化宣導方式
需求	學習簡易實用的 CPR+AED 方法
人數	約 100 人

3. 為簡報訂立大綱：

主題	不是醫生，也能救人：CPR+AED 技巧
目的	告知性☆☆、說服性☆、娛樂性☆☆
目標	大家都記得，並會運用 CPR+AED 的技巧
策略	透過口訣和演練讓民眾確實記住

4. 建立起承轉合架構：

起（2 分鐘）	用影片讓民眾重視
承（10 分鐘）	CPR 與 AED 介紹
轉（15 分鐘）	情境演練
合（3 分鐘）	有獎徵答、Q&A

投影片分頁腳本：

區分	序號	投影片 (視覺)	口述重點 (聽覺)
起	1	主題：不是醫生，也能救人：CPR+AED 技巧	自我介紹 + 開場
	2	簡報大綱	簡述簡報大綱
	3	高雄 MIZUNO 國際馬拉松意外	意外何時會來沒人知道：跑者 OHCA，現場民眾 CPR 急救
承	4	何謂 CPR	CPR 簡介
	5	叫：確認意識	以呼喚輕拍方式確認
	6	叫：求救	大聲呼救或直接撥打 119，聽從值勤人員指示，並取得 AED
	7	確認呼吸狀況	觀察有無正常呼吸，胸部有無起伏
	8	C（壓）：按壓位置及姿勢	兩乳頭連線中央胸骨處，雙手重疊十指互扣，手肘打直和患者成垂直
	9	C（壓）：按壓重點	用力壓、快快壓、胸回彈、莫中斷
	10	AED 介紹	可自動分析心律並電擊除顫
	11	開：打開電源並連接電擊貼片	聽從語音指示動作並依圖示將貼片貼在胸部
	12	讀：分析心律	避免碰觸患者依指示電擊或繼續壓胸
	13	完成分析電擊後	繼續胸外按壓 AED 每 2 分鐘自動分析

轉	14	情境演練	叫叫 CD 大家一起來試試
合	15	法律上的保障	刑法、民法、緊急醫療救護法
	16	有獎徵答（一）	如果在路上突然發現一個人昏倒，最應該做的第一件事是什麼呢？
	17	有獎徵答（二）	AED 的正確使用方式為何？
	18	結語	我們都可以成為家人和路人的貴人

V
對任何對象做簡報

不是醫生，也能救人

CPR+AED 技巧

高雄消防局 OOO教官

自我介紹 + 開場

簡報大綱

1 | 你也可能是別人的救命恩人

2 | CPR與AED介紹

3 | 情境演練

4 | 有獎徵答及Q&A

簡述簡報大綱

高雄MIZUNO國際馬拉松意外

跑者OHCA
現場民眾CPR急救

意外何時會來沒人知道：跑者 OHCA，現場民眾 CPR 急救

何謂CPR

心肺復甦術
Cardiopulmonary Resuscitation, CPR

是一種幫無意識、無呼吸或幾乎無呼吸的患者藉由「胸外按壓」的關鍵動作，讓病人恢復心跳及維持血液循環的救命術，可防止腦部或器官缺氧造成傷害。

CPR口訣　叫 / 叫 / C 壓 / D 電

CPR 簡介

叫：確認意識

呼喚患者
輕拍雙肩

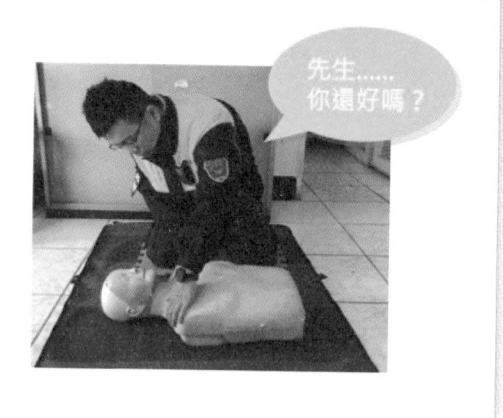

先生......
你還好嗎？

以呼喚輕拍方式確認

叫：求救

撥打119
大聲呼救
設法取得AED

救命!!快打119!!
快拿AED過來～～

大喊「**救命**」以尋求旁人幫忙，爾後指定一人幫忙撥打119報案，同時指定另一人立刻將附近的AED拿過來，如果沒人則直接撥打119，聽從119值勤人員指示

大聲呼救或直接撥打 119，聽從值勤人員指示，並取得 AED

確認呼吸狀況：沒有呼吸或幾乎沒有呼吸

觀察患者
有沒有正常呼吸
胸部有沒有起伏
時間不超過十秒

有呼吸？
沒呼吸？

觀察有無正常呼吸，胸部有無起伏

C：按壓位置及姿勢　　　　　　壓

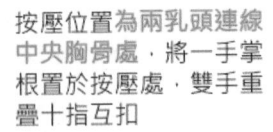

按壓位置為兩乳頭連線中央胸骨處，將一手掌根置於按壓處，雙手重疊十指互扣

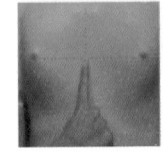

手肘打直和患者成垂直，雙肩前傾至雙手的正上方

兩乳頭連線中央胸骨處，雙手重疊十指互扣，手肘打直和患者成垂直

C：按壓重點　　　　　　　　　　　壓

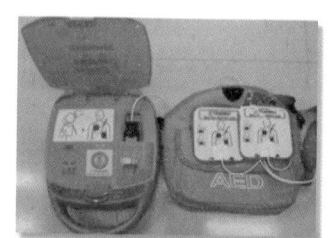

用力壓
壓的深度5-6CM

胸回彈
確保每次按壓後
完全回彈

快快壓
以每分鐘100~120次
的速度按壓

莫中斷
儘量避免中斷
中段時間不超過10秒

用力壓、快快壓、胸回彈、莫中斷

AED介紹　　　　　　　　　　　電

AED
Automated External Defibrillator
稱為「自動體外心臟電擊去顫器」
一台能夠自動偵測傷病患心律脈搏
並施以電擊使心臟恢復運作的儀器

AED口訣　開 / 貼 / (插) / 電

可自動分析心律並電擊除顫

開：打開電源並連接電擊貼片　電

開
打開AED電源

貼
一片黏在左邊乳頭下方偏外側處
另一片黏在右邊乳頭上方

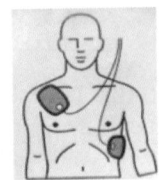

聽從語音指示動作並依圖示將貼片貼在胸部

讀：分析心律　電

讀　分析心律時

- 停止CPR避免干擾
- 禁止碰觸患者
- 花費5-15秒

分析 心律	建議電擊	離開傷患	按下電擊紐
	不建議電擊	繼續壓胸	

避免碰觸患者依指示電擊或繼續壓胸

完成分析電擊後

AED每2分鐘
自動分析心律

立刻繼續胸外按壓
不須移除AED貼片

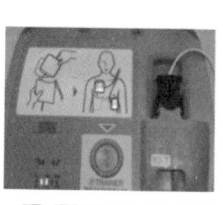

繼續胸外按壓 AED 每 2 分鐘自動分析

情境演練

大家一起來試試!

叫叫 CD
大家一起來試試

法律上的保障

法律已保障 對於無意識之蒙難人 進行危難急救之行為	刑法	第二十四條規定：因避免自己或他人生命、身體、自由、財產之緊急危難而出於不得已之行為，不罰。但避難行為過當者，得減輕或免除其刑。
	民法	民法第一五○、一七五條：在情況危急關頭，蒙難人可能無法為意思表示，救助者在未受委託而行協助時即成立所謂的無因管理。救助者為免除因急迫危險而為管理之免責，為免除蒙難者生命、身體、財產上急迫危險而為事務管理所生之損害者，除有惡意或重大過失，不負賠償責任。此處的惡意一般係指故意而言；重大過失則為欠缺普通人之一般注意義務，情節顯然重大者。
不必再因害怕受罰 而錯過搶救的黃金時刻	緊急醫療救護法	第十四之二條：救護人員以外之人，為免除他人生命之急迫危險，使用緊急救護設備或施予急救措施者，適用《民法》、《刑法》緊急避難免責之規定。救護人員於非值勤期間，前項規定亦適用之

刑法、民法、緊急醫療救護法

有獎徵答(一)

Q1

如果在路上突然發現一個人昏倒，最應該做的第一件事是什麼呢？	1. 馬上打119! 2. 大喊救人喔! 3. 叫患者，確認有沒有反應! 4. 叫人拿AED!

如果在路上突然發現一個人昏倒，最應該做的第一件事是什麼呢？

有獎徵答(二)

Q2

| AED的
正確使用方式為何？ | 1. 拿到即貼在病患身上!
2. 直接連上電擊線!
3. 分析心律時避免干擾患者!
4. 邊電邊壓! |

AED 的正確使用方式為何？

沒有人能夠預料到，下一秒會發生什麼事

記住口訣「叫、叫、C、D」

不必有超能力

你也可以成為超級英雄

高雄消防局

我們都可以成為家人和路人的貴人

紹強的「靈門一角」：

口訣好記

用時救命

　　這場簡報設計是以民眾的角度出發，從「高雄MIZUNO國際馬拉松意外」的影片破題，讓每位里民認知CPR的重要，用好記的口訣、逐步解釋的方式，讓民眾瞭解流程，傳遞CPR+AED就是救命的關鍵。並透過實際演練的方式，讓民眾確實學會，最後更加入了有獎徵答，讓講者與民眾建立互動，並能達到重點複習的效果，希望民眾不只瞭解，更能在需要派上用場時正確操作，進而達到簡報的目標。

　　投影片因應聽眾的程度，並非以專業級教官的救護能耐為標準，而是以一般民眾都能上手的基本技巧，輔以圖文並茂的圖片示範，直接利用圖片讓民眾用「看」的，再利用口述重點、敘述訣竅及要領，同時結合了道具及實務演練，相信一定會讓現場民眾聽起來更有感，並確實體認：「有壓就有機會！」我們都能成為別人的救命英雄。

　　消防人員一般值勤24小時、休息24小時，人力不足的縣市更要值勤48小時才休息24小時，當民眾撥打119電話、出動警鈴響起，白天80秒、夜間120秒內人車必須離隊，除了災害搶救，緊急救護，抓蜂捕蛇、重大災害救援等，加上持續的訓練，工作非常辛苦與緊繃。此外還積極對民眾宣導，提供CPR+AED的專業知識與技能，讓更多民眾具備此緊急救命的技巧，我們真該為這群從事神聖艱鉅工作、默默付出的英雄們，致上最高的謝意和敬意。

對象 8：對記者簡報說明

　　記者會是發布新聞的重要方式，透過記者與媒體的力量，無論是新品上市、活動造勢或是危機處理，都能將議題快速傳達給大眾並達成溝通目標，除了能澄清組織的負面報導，更能為組織達到正面宣傳的目的。說明簡報前應先由原點思考：這樣的訊息有新聞性嗎？希望媒體如何報導？會登出什麼文字和照片？播出什麼畫面？

　　對記者簡報是消息發布較正式的形式，這種場合對發言人的要求較高，簡報者必須穿著較正式服裝，態度溫和禮貌，熟悉主題和公關目標，對突發狀況掌握和解決的能力要夠強，更需要有能力維持會場氣氛。發布的消息必須準確無誤，回答問題要簡潔，若遇到尖銳問題也要不慍不火回答清楚。把握這個雙向互動的絕佳機會，為組織傳遞訊息。

　　另外要為記者採訪完的下一步做準備，除了提供新聞稿，留下自己的聯繫方式之外，將刊登在平面媒體的相關背景資料、照片圖像等檔案都準備好，方便記者朋友報導。新聞稿最好有不同的版本，若能為不同媒體量身撰文，就更受記者歡迎。

　　接下來要透過企業的實際案例，讓讀者瞭解對記者簡報說明的重點：

企業實例：台北捷運

北部民眾一年一度的盛事就是在12月31日晚上參加台北市政府前的跨年晚會，除了近距離欣賞台北一〇一絢爛的煙火表演，晚會的歌手嘉賓卡司一年也比一年堅強，近百萬人熱鬧聚在一起開心跨年。但等到晚會結束後，首當其衝的台北捷運，如何順利地將這波人潮疏運離開現場，是每年最大的挑戰。

於是北捷推出了疏運方案，像是跨年連續42小時不收班，晚會結束時選擇板南線、淡水信義線、松山新店線「三線離場」，並建議避開市政府站、台北一〇一／世貿站的候車人潮，步行至國父紀念館站、永春站、信義安和站、象山站、南京三民站五個車站搭車等等，這些方案確實有效讓民眾在最短時間內平安回到家。

為了讓前往跨年晚會的民眾能更清楚台北捷運的運輸方案，配合台北市政府交通局跨年疏運措施宣導記者會，以新聞媒體為媒介，傳達給所有乘客。要讓資訊清楚而不會產生錯誤地傳達給大眾，台北捷運準備了詳細的簡報，做足了準備，讓所有與會的記者朋友完全瞭解今日北捷所做的決策，讓乘客能接收到清楚正確的資訊。

簡報設計表：

1. 事先打聽場合：

場合	配合台北市政府交通局跨年疏運措施宣導記者會
身分	台北捷運市政府站跨年現場督導主管
流程	交通局整體說明，再由北捷及其他相關單位報告
時間	跨年前一週，早上約 15 分鐘

2. 瞭解聽眾，百戰百勝：

對象	媒體記者
特性	年輕、女性居多
需求	如何報導、如何提醒民眾、跨年疏運特別的措施
人數	20-30 人

3. 為簡報訂立大綱：

主題	2018 跨年捷運宣導措施
目的	告知性☆☆☆、說服性☆☆、娛樂性☆
目標	透過記者報導，讓民眾理解配合使疏運安全順暢
策略	透過圖說讓民眾清楚規畫內容

4. 建立起承轉合架構：

起（2 分鐘）	回顧與概述
承（5 分鐘）	車站管制與進場離場宣導
轉（5 分鐘）	潮天團與貼心服務措施
合（3 分鐘）	預計疏運完成時間

投影片分頁腳本：

區分	序號	投影片 (視覺)	口述重點 (聽覺)
起	1	封面	捷運為建議交通工具
	2	大綱	宣導內容及便民規劃
	3	現場實景回顧	市政府站人潮縮時影片
承	4	2018 跨年捷運疏運概述	最密班距
	5	管制車站	主要管制車站 次要管制車站
	6	疏運班距	跨年前 跨年後
	7	注意事項口訣	加、分、提、前、走
	8	分線進場	參加跨年建議路徑 路網分流
	9	三線離場	散場返家建議路徑 三條路線及鄰近車站
轉	10	潮天團舒緩旅客心	安全管制措施
	11	潮天團搞笑帶動唱	緩和現場氣氛
	12	行前記者會影片	潮天團有備而來
	13	站內服務措施	臨時救護站
	14	老弱婦孺的貼心協助	照顧弱勢族群
	15	外籍人士的溝通引導	服務國際化
合	16	我們已充分準備	北捷出動 2000 人 42 小時不收班
	17	預計疏運結束時間	預計凌晨 2 時完成疏運
	18	結語	絕對讓民眾快樂出門平安返家

V
對任何對象做簡報

捷運為建議交通工具

宣導內容及便民規劃

市政府站人潮縮時影片

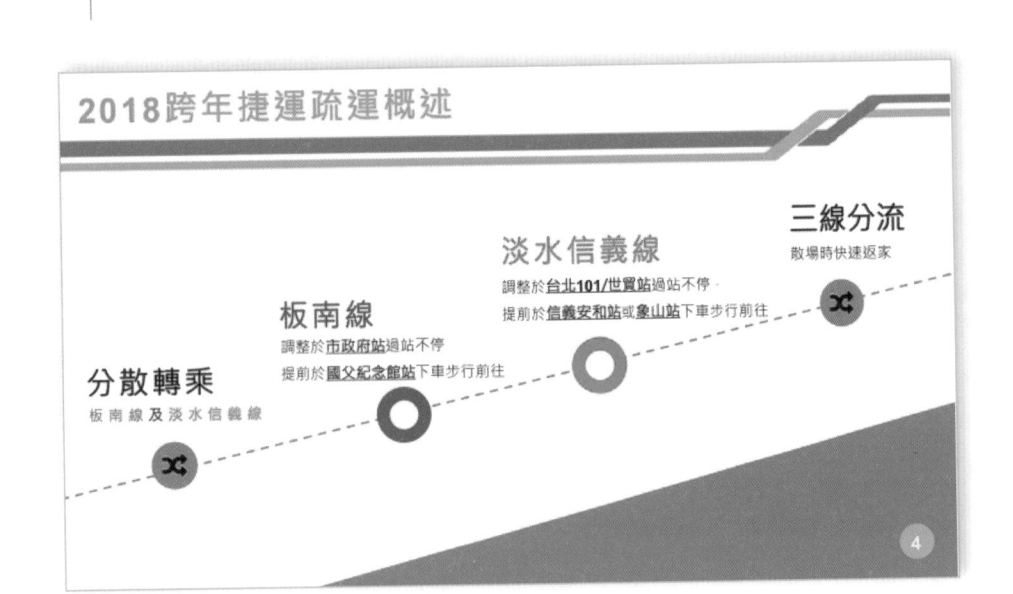

最密班距

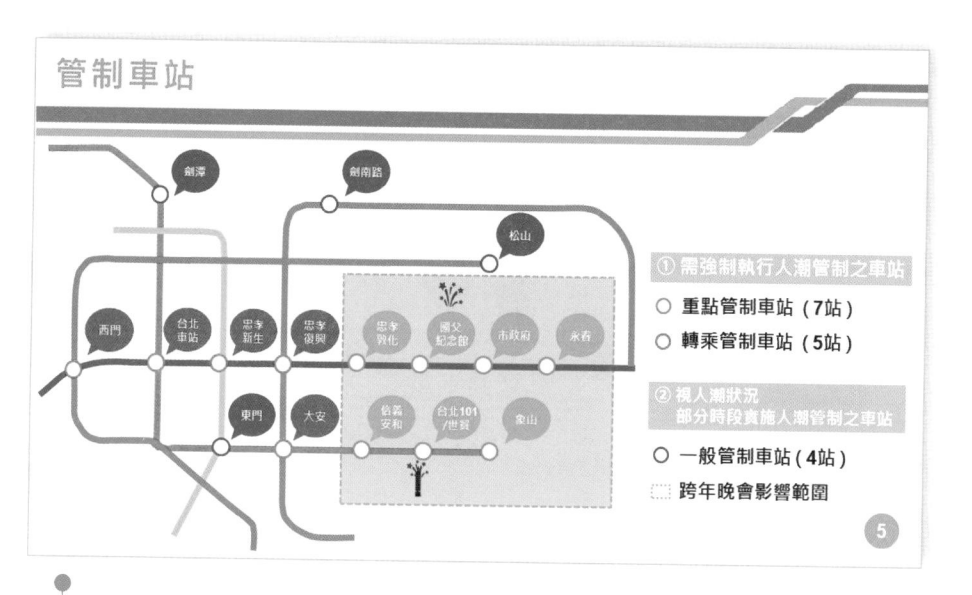

管制車站

劍潭　劍南路　松山

西門　台北車站　忠孝新生　忠孝復興　忠孝敦化　國父紀念館　市政府　永春

東門　大安　信義安和　台北101/世貿　象山

① 需強制執行人潮管制之車站
○ 重點管制車站（7站）
○ 轉乘管制車站（5站）

② 視人潮狀況
部分時段實施人潮管制之車站
○ 一般管制車站（4站）
▭ 跨年晚會影響範圍

5

● 主要管制車站
次要管制車站

疏運班距

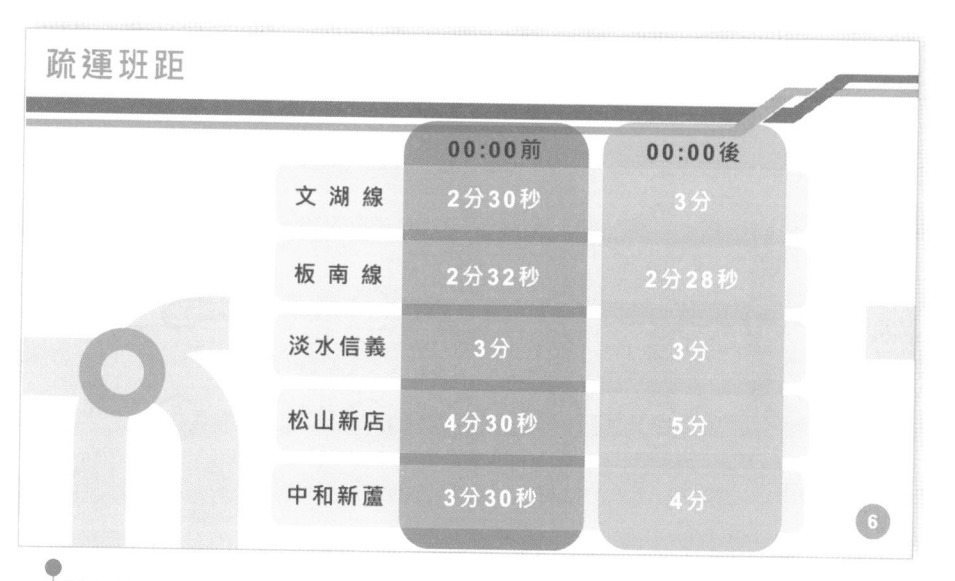

	00:00前	00:00後
文 湖 線	2分30秒	3分
板 南 線	2分32秒	2分28秒
淡水信義	3分	3分
松山新店	4分30秒	5分
中和新蘆	3分30秒	4分

6

● 跨年前
跨年後

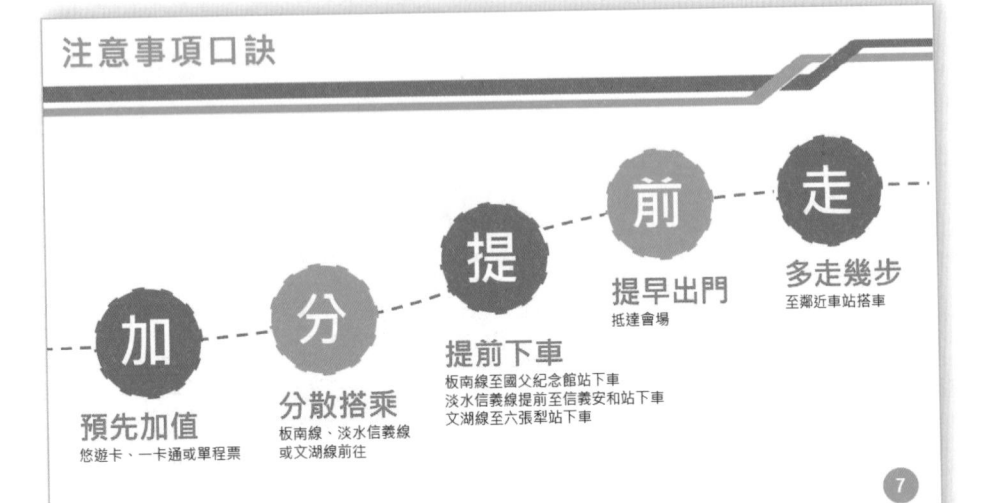

加、分、提、前、走

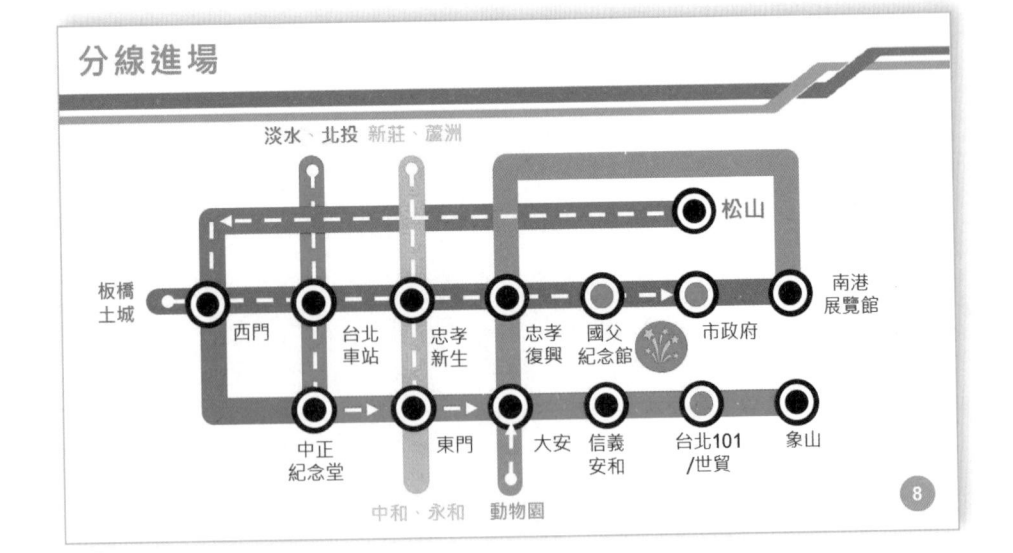

參加跨年建議路徑
路網分流

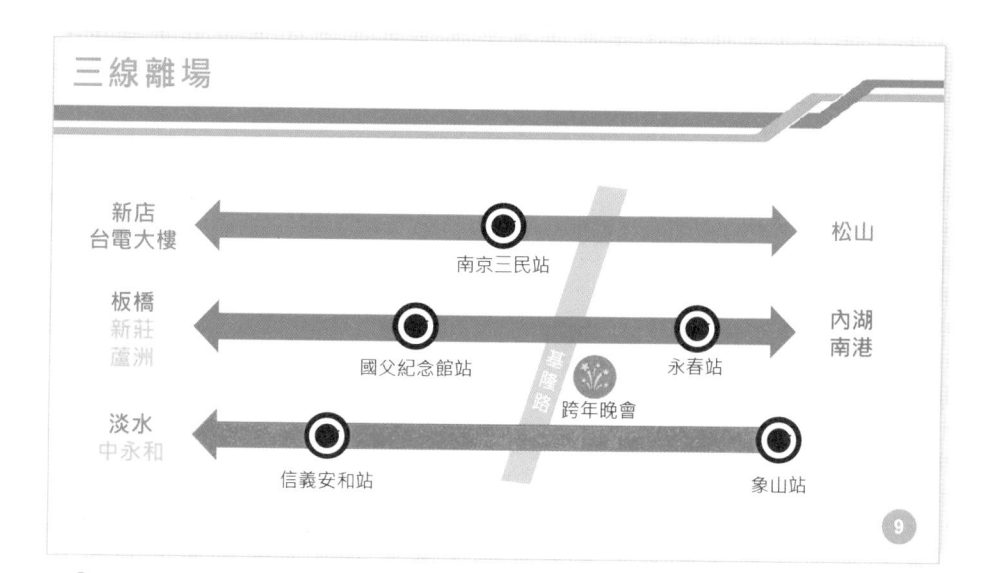

三線離場

新店
台電大樓 ← → 松山
南京三民站

板橋
新莊 ← → 內湖
蘆洲 國父紀念館站 永春站 南港

基隆路
跨年晚會

淡水
中永和 ← →
信義安和站 象山站

⑨

散場返家建議路徑
三條路線及鄰近車站

潮天團舒緩旅客心

維護跨年夜後瞬間進站人潮之安全

重點管制車站出入口安排
現場管制人員(潮天團)

⑩

安全管制措施

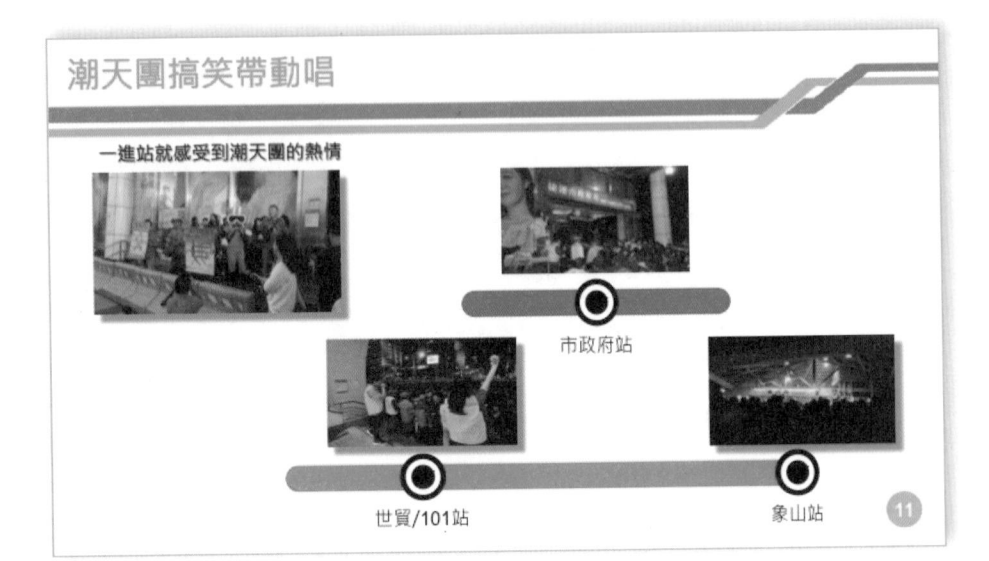

潮天團搞笑帶動唱

一進站就感受到潮天團的熱情

市政府站

世貿/101站

象山站

11

緩和現場氣氛

行前記者會影片

00:00.00

12

潮天團有備而來

站內服務措施

重點管制車站內設有臨時救護站

護理人員提供即時的服務

13

臨時救護站

老弱婦孺的貼心協助

協助無障礙及老弱婦孺旅客進出

車站配置專責人員

14

照顧弱勢族群

外籍人士的溝通引導

近年來跨年外籍旅客增加

加強國際化，訊息增加東南亞語言

15

服務國際化

我們已充分準備

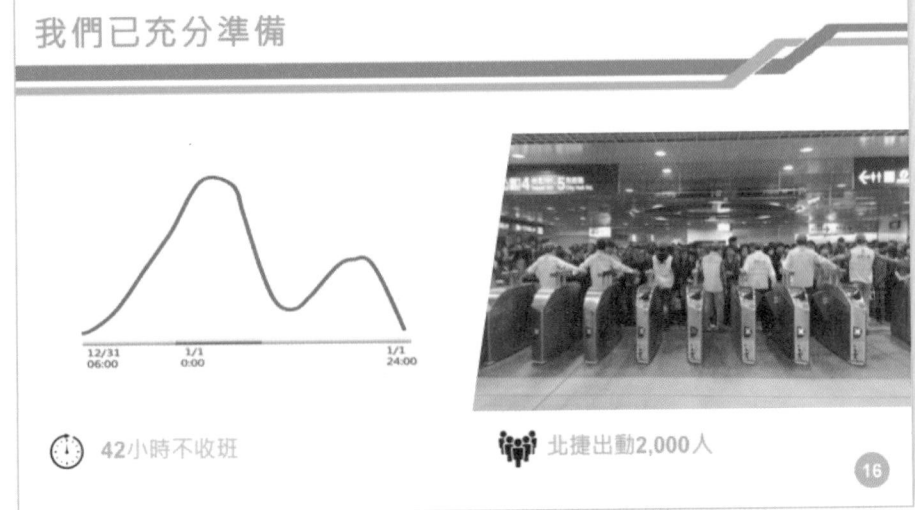

12/31
06:00　　　1/1
0:00　　　1/1
24:00

42小時不收班

北捷出動2,000人

16

北捷出動 2,000 人
42 小時不收班

預計疏運結束時間

我們準備好了

預計凌晨2時完成疏運

17

預計凌晨 2 時完成疏運

快樂出門
平安返家

18

絕對讓民眾快樂出門平安返家

紹強的「靈門一角」：

快樂跨年
平安跨黏

　　台北捷運這場簡報的直接對象是記者，希望經由媒體報導，讓間接對象民眾可以理解並配合。所以簡報以平安回家為主軸，貼近一般大眾，並透過台北捷運一系列用心的規劃，例如：車站管制及進場、離場的宣導，不只能讓記者瞭解，更能讓參與跨年晚會的民眾及家長放心，尤其清楚說明預計疏運完成的時間，更將重點清楚交代。

　　投影片整體以藍、綠兩色配合公司的CI，各線路網有條不紊的呈現，使用照片說明跨年夜所增設的服務，皆讓簡報重點更明確，記者們一看就懂；投影片中有一些精緻、現代感的設計細節，ICON也非常具有巧思，看得出製作者的用心；未來這些資訊在電視、網站、平面報紙上轉載時，相信能讓民眾快速並清楚地瞭解。

　　每一年跨年時分，人潮近距離黏在一起、父母心更是黏在深夜未歸的兒女身上。謝謝台北捷運提供安全、迅速的輸運，以及各項貼心的服務，讓跨年的民眾都能「跨黏」快樂出門，平安返家。「台北捷運世界第一」的名聲是累積了20年以上的實力，比起其他國家的捷運，許多走遍世界的旅人更覺得台北捷運像是奢侈品！我們以有世界級的捷運為榮。

VI

高手不說，
但都在做的事

密技 1：如何做自我介紹

　　行銷時代，表達的機會無所不在，從學測的面試開始，有特色的自我介紹，就能讓自己從眾人中脫穎而出。當新進員工在自我介紹時，主管馬上能發現他是否具有熱情和競爭力。所以讓我們一起 back to the basic，加強這種最簡單但也最重要的簡報——自我介紹。

自我介紹的方法原則

四種常見的自我介紹

利他性	低　　　　　奇特性　　　　　高	
高	玲瓏業務	印象深刻
低	平凡無奇	特色有哏

　　如上表，一般的自我介紹會有兩個主要指標，橫軸是奇特性，就是自己的簡介是否有特色；縱軸是利他性，自己對聽眾有何價值，因此可組合成四種常見的自我介紹。

　　左下角第一種「平凡無奇」就是一般人的流水帳，聽完沒什麼特別印象，或是讓聽眾認為與我何干。例如：「大家好，我叫王大明，三橫一豎王，大小的大，明天的明，我屬猴，天蠍座，家住台中，喜歡唱歌，我的名字總共15畫，是阿公幫我取的，他希望我這一生正大又光明……」

左上角第二種偏業務的描述，創造自己被利用的價值，自己姓什麼、叫什麼反而不是重點。例如：「各位大家好，我叫鄭雅婷，我在壽險業做了15年的客戶服務，專長是聽客戶訴苦，各位未來如果有任何不如意的事，需要一個人耐心傾聽、丟垃圾，請記得找我喔。」

右下角第三種則是透過一些有趣的介紹讓人會心一笑，例如：「各位大家好，我叫余天成，余天的余，余天的天，余天成的成。」例如：「大家好，我的名字叫許隨寶，英文名字叫 Shiseido。」也曾經聽過有人這樣介紹自己：「大家好，我叫王冠鴻，王八蛋的王，衣冠禽獸的冠，江邊死了一隻鳥的鴻……」，這樣開自己名字的玩笑也算是勁爆！

右上角第四種有特色的自我介紹，既描述自己對聽眾的價值，又讓他人對自己留下深刻印象。例如：「各位大家好，我叫史之煥，簡稱史煥，我的專長是學測落點分析，以及如何填志願的輔導，各位的小孩在升學中有任何的問題，請隨時使喚我。」另一個例子：「大家好，我是龔鉅恩，大家都叫我工具人；我做了十年的電腦工程師，大家若有電腦或是程式上的問題隨時可以找我，工具人很高興為您服務。」

實務案例

本章之前提到自我介紹的「利他性」，因應職場中不同的場合、對象與需求，簡報者就更需要瞭解「場合性」，聽眾關心什麼，聽眾想要瞭解什麼。下述三個案例相信對讀者未來應用一定很有幫助。

1. 新進員工30秒自我介紹

新進員工一開始應低調一點，先對新環境及資深老鳥「拜碼頭」，在簡短介紹內容中態度宜謙虛，簡單介紹自己一兩項特殊專長之外，多感謝公司和主管錄用自己，表明自己會盡快學習，和大家一樣棒，老鳥會留下較佳的印象。看看下面的例子：

「各位前輩大家好，我是張凱文，朋友都叫我Kevin，畢業於復興美工，從小我就非常喜歡畫畫，很感激羅經理看了我的插畫後願意給我機會。很榮幸能夠加入〇〇廣告、擔任Art的工作，希望能盡快上手對團隊有貢獻，也請前輩們多多指教，謝謝。」

新進員工的自我介紹其實在樹立一個標準，也為主管和同事建立一個期待。若是標準太低，大家可能會想：怎麼會錄用這樣的新人？若是介紹內容不痛不癢，大家對這位新人也不會有什麼特別的印象或好感；若介紹得太好，大家的要求和期待也就變高，所以讀者一定要想一想如何拿捏。

2. 社團商會一分鐘自我介紹

所謂「千萬經歷，不如貴人推薦一句」。上班族為了提升自己、增進人脈，加入一些社團是很棒的方式；業務人員更能透過加入商會等組織，認識各行各業的朋友，拓展業務商機。在這些場合如何突顯自己的特色強項，創造自己被結識、被利用的價值，約一分鐘的自我介紹是必備的能力和功課。參考下面的例子：

「大家好，請容我先介紹自己，我是周靜苓，房屋仲介業9年經歷，目前在〇〇房屋XX店擔任店長，感激我們店全體的團隊，XX店是公司業績三連霸的紀錄保持店喔，聽說會有掌聲是吧……（聽眾掌聲）。

「我相信學歷是銅牌，能力是銀牌，人脈是金牌，很高興透過孫協理的引薦，加入我們的金牌〇〇商會，希望未來能和大家共同交流、一起成功。各位朋友若對買屋賣屋及房地產法規稅賦有任何的需求問題，請記得要找遠親不如近鄰。

「感謝大家給我自我介紹的機會，相識即是緣分，請大家多多指教，謝謝。」

多數加入社團商會的業務夥伴，都有行銷產品的潛在企圖，但一加入就馬上向成員賣東西，想必會引起反感。所以在社團還是要透過服務的過程，好好地付出，讓社友感受到自己的專業和熱誠，博得大家對自己的信任，才是長久的經營之道。

3. 求職面試一分鐘自我介紹

「請介紹一下自己」往往被稱為面試的「第一問」。除了應徵者的履歷自傳等書面資料之外，面試主管會透過應徵者的自我介紹，觀察其自信、口語表達和組織能力。若是回答：「您想瞭解哪方面的內容？」對於面試主管來說，就代表面試者並沒有為面試做好充分準備；若簡介時間過長，不但不能為自己加分，還會引起面試主管反感。可以透過三段式結構：簡介自己、過去經歷、未來展望，準備好一分鐘求職面試的介紹內容，現場口齒清晰、態度大方地自我介紹，會讓面試主管留下正面好印象。看看下面的例子：

「吳經理您好，我是蔡偉杰，謝謝您撥冗面試。我畢業於○○大學英語系，英文是我的強項，另外在學校擔任過兩年圍棋社的社長，從小下圍棋的訓練培養了自己大局觀及冷靜的特質，圍棋社長的歷練也學習如何經營團隊，以及如何當一位領導者。

「進入社會後五年都在○○企業，三年擔任門市銷售人員，負責3C產品銷售，後兩年擔任業務主任，協助店長負責家電區的銷售及業務管理工作。這些工作經驗讓我培養了顧客服務、業務行銷、門市管理以及帶領團隊迎接挑戰的能力。

「未來的生涯規劃希望能結合全球化的發展趨勢，趁著自己未婚無小孩的狀況能到國外闖蕩一番。今天很高興知道貴公司擴大營運，在徵海外的儲備區經理，相信自己的外語能力和工作經驗，一定能勝任這個職位，希望能夠爭取這份工作，謝謝。」

自我介紹不能像背稿，要正視面試主管，表達流暢但有適度停頓。面試主管通常不會只憑自我介紹就錄取求職者，還會進一步深入提問，瞭解應徵者過去的績效表現和離職原因，但求職者透過履歷表自傳濃縮的口語版本，表現出自己的信心和儀態，並展現溝通、表述、總結的能力，引起面試主管的注意，對之後面試會有大大的加分作用。

密技 2：利用極短時間電梯投述

搭乘大廈電梯，由一樓到高樓層所需的時間大約一分鐘，電梯中的乘客形形色色，有人不耐地等待、有人則是放空發呆。但對於會把握機會的高手來說，這就是推銷產品、提出建言或尋求新創事業機會的黃金60秒。

電梯投述（Elevator Pitch）是歐美近年來非常流行的短講模式，像是與老闆同乘一部電梯，只有片刻的時間簡介自己，當電梯門打開，就表示時間到了，不管話說完沒都必須結束。所以電梯投述就是運用最短時間、讓人理解並產生興趣的簡報模式。

電梯投述的方法原則

電梯投述的第一個關鍵是要能讓對方接受自己。想一想，在狹小的電梯空間內，突然被陌生人搭訕，相信一般人都會排斥和防衛，如果投述的對象是大老闆，旁邊很可能還有保鑣或祕書，對陌生人打擾必定會上前攔阻。所以簡報者在服裝上看起來要像成功人士，而不是要錢的乞丐，態度自信誠懇，在一開始就吸引對方注意，讓對方願意聽下去。

不瞭解對方，似乎只能亂彈打鳥，若是瞭解對方的需求、個性和現階段煩惱的事情，就更能用對方的語言，訴求對方的痛點，並強調自己能夠帶給對方什麼樣的好處、解決什麼樣的問題。先做功課，瞭解對方的需求，找到對方感興趣的話題，設法將對方希望解決的問題用一句標語或問題做包裝。例如：「您是否曾經……？」當對方回答有，自然就有共鳴和認同感。

在資訊爆炸的時代，自己提出的意見有什麼特色，對方為什麼要和自己合作，理由是什麼，簡報者需精簡自己的構想，在短時間內安撫對方，彰顯自己。避免說行話或技術性語言，也不要用平板讓對方分心，可適度拿出照片或道具輔助。此外，有時少說反比多說好，試著吸引對方的目光，並保留時間讓對方提出最少一個問題。

最後，電梯投述爭取的是機會，不是成交。利用一分鐘引導出後面30分鐘或1小時。如果電梯投述能誘發對方的興趣，對方自然會說：「待會兒我們再來深入聊聊……」「陳祕書，安排時間讓他來我辦公室。」

實務案例

1. 對老闆提出建議

在電梯裡遇到公司老闆，有些話向他說，算是越級報告嗎？有些話一定要說嗎？對部分職場夥伴來說，很多訊息都被中間主管擋掉，造成公司上情可以下傳，但下情無法上達，高階永遠不知道基層的實際問題。但直接向大老闆提問題和建議需要勇氣，也需要表述能力和切入的智慧。看看下面的例子：

「董事長您好，我是北三區的業務代表王志偉，有一件關於公司文化和績效的事想向您反應，不知道在這個場合恰當嗎？」誠懇、自信

地看著董事長，董事長愣了一下，好奇地看著志偉。

「您之前一直強調公司的文化是追根究柢，去年尾牙您也不斷強調一定要找出問題、解決問題，可是公司很多主管都不大聽基層的聲音，甚至想解決問題的人反而被解決了！我們幾個同事研擬了關於提案制度和改良品質的建議，不知道董事長什麼時間方便，讓我向您報告說明。」

很顯然志偉是很有心願意提出建言的人，如果中階主管避免驚擾高層、封殺資訊，想必基層一定很多人「哀莫大於心死」，遇到問題，你不聽我也不提了。在電梯裡堵老闆或許是個極端的方法，但也可能是有志者的最後一招，如果問題再不改，大概人就離職了。

可以把問題及建議寫成一封信隨身攜帶，雖不用像《上皇帝萬言書》那麼正式，但有個明確的分析建議，不失為敲老闆「心門」的好方法，關鍵是和公司文化以及老闆的堅持結合，提出具體建議，老闆才會願意聽。

2. 向醫生介紹新材料

忙碌的外科醫師除了例行門診，上手術台時間又長，還要巡查開刀後住院的病人，真的非常辛苦忙碌。原則上醫院都有既定配合的材料供應商，一位醫材業務夥伴如何向醫師介紹新的支架材料，困擾的是根本見不到醫師，算準時間在電梯裡對醫師投述，是機會也是挑戰。參考下面的例子：

「林醫師您好，我是○○公司的鄧文雄，我們獨家代理德國進口的支架，這是最新研發的材料，目前在△△期刊被讚譽為21世紀脊椎病患的救星。您是否有病人因為骨質疏鬆造成支架脫位，因而產生神經傷害的經驗呢？我們的支架專門克服這類問題，是同類型產品所做不到的，所以國外醫院已經開始採用。希望借用您30分鐘的時間，讓我

進一步為您介紹。」

忙碌的醫師進電梯有時就是喘氣放空的時間，如何不給醫師壓迫感，但又能親和專業的簡述，清楚交代What、Why、How，引起醫師的興趣，往往是打開銷售大門的重要關鍵。

3. 向金主說明創投計畫

忙碌的大老闆（也就是金主）一般不會撥時間見名不見經傳的新創朋友，所以可在對方的辦公大樓等待，試圖搭乘同一部電梯，趁著抵達目的樓層的空檔，一分鐘內推銷自己的營運計畫，或許就是新創事業的轉捩點和契機。現已有一些機構，舉辦電梯募投的比賽，比賽就在大廈的電梯內進行，由底層升上頂層的60秒內，嘗試吸引評審，支持自己的創業構思及商業營運模式，爭取名次和獎金。看看下面的例子：

「您好，我是簡宜中，素速叫的創辦人，我們是素食界的鼎泰豐。我們成功研發了素食但有肉味的中式料理全製程，可讓消費者既可以享受過癮的肉味，又能健康吃素更環保。我們的團隊來自生技業和餐飲業，關鍵的血紅素萃取技術已取得專利，相信量產後除了部分素食主義的消費群願意嘗鮮，更會拓展到一般葷食的消費者。我們正在籌備，希望向您做產品簡報，請問能安排時間嗎？我們將帶樣品請您試吃，您一定會感到驚奇。」

電梯投述的核心訊息是要傳達提案的賣點和獨特性，簡潔介紹自己和公司，對方若有興趣，之後自然會google查詢，所以要確保網路上對公司、和對自己的介紹夠完整，而且資料都有更新。高手只要能把握機會，傳遞給客戶的價值以及競爭者難以超越的競爭優勢，潛在的營收規模等想法，吸引金主打開話匣子，就有可能得到資金挹注。

密技 3：做專業的訪客導覽

　　導覽是由導覽人員在行進間為訪客解說的類簡報，目的在說明參觀事物的涵義並取悅訪客，讓訪客不會走馬看花，深入瞭解參訪之事。導覽人員不只描述，也是行銷；代表的不僅是自己，更代表單位的形象，所以一定是簡報高手才能勝任。隨著社會脈動，導覽的事物越來越多元，從歷史古蹟、文化遺產、自然景觀到工廠設備，型態非常多種。

　　相信讀者聽過旅行社的導遊介紹，也聽過不同職務的人擔任導覽的角色，例如博物館的導覽員說明歷史文物，民間協會志工解說生態園區，電視台公關簡介攝影棚設備，觀光工廠員工介紹食品生產過程等等。職場中練習接待訪客，行進間簡介自己單位的事物，也是一種重要的簡報能力。

導覽的方法原則

1.「人」的方面

　　導覽第一個重點，在於針對不同訪客族群安排。訪客屬性有企業觀摩、學術參訪、戶外教學、員工旅遊、進香團及一般散客；族群從小孩、年輕人、中壯年、老人都有可能，不同的屬性或族群，常常有不同的參觀目的。

　　所以導覽人員要針對不同訪客的特質，將同樣一件事稍加改寫和包裝，以通俗口語、生活化及易懂的語言來引發訪客的興趣，建立良好的互動關係，例如對成人描述的「棲地」，對小朋友就要轉換成「小鳥住的地方」。並依照訪客人數多寡，將訪客分為幾個小組，每一組都

安排導覽人員。

2.「時」的方面

依照導覽區的範圍和訪客需求，規劃導覽的動線與流程，並依照訪客多寡做好時間的規劃。時間安排太長，會讓部分訪客不耐煩，或是走著走著開始找廁所；時間安排太短，會讓部分訪客不盡興，也無法深入介紹。

導覽人員自己應思考不同族群的行進速度，並針對要詳加介紹的點，預留足夠的時間。也須考量參觀區域的最大容納量，將訪客分組分流、分梯次進場或安排定點導覽時間，在站與站的銜接，時間也要約定好，整個流程才會順暢。一般訪客可依照公告時間來參與導覽解說，目前常見的時間規劃約為50分鐘。

3.「地」的方面

一般導覽建議以視聽區為起點，先讓訪客透過影片及導覽人員的簡介有了整體概念，再進入參觀區域。配合時間及展示品的動線事前模擬，確實掌握動線流暢。若隊伍太長，展品太多，可選定各站的區域，安排分組的參觀隊形，視聽眾人數多寡與展品距離彈性調整。

整體思考影視區、展示空間、工廠運作生產線、休憩空間、DIY活動區、禮品銷售區等的空間配置。另外，安全第一，若是導覽的動線複雜，時間長或在戶外的時間多，安全因素就更形重要。

4.「事」的方面

訪客來訪，導覽人員的時間有限，要做什麼簡介呢？廣度和深度都是重點。廣度部分要多元，豐富的素材讓訪客覺得來到寶山，所以導覽人員要規劃介紹哪些特色亮點，如果能把精采的設計在後面的動

線，會讓訪客有好戲不斷的驚喜感受。

深度部分要有內涵，透過故事讓訪客融入其中。例如在皮革觀光工廠的故事館裡，玻璃框中展示著一條有些破舊而且一分為二的皮帶，註明了這是公司1982年的瑕疵品，訪客看過未必會留下印象。導覽人員可以把它的故事娓娓道來：

「我們是以製造皮帶起家的工廠，在1982年工廠剛成立的時候，當時第一批皮帶成品已經放進小貨車準備出貨了，董事長突然來工廠巡視，並從貨車上拿了幾條皮帶若有所思地端詳起來，那批貨被眼尖的董事長發現，皮帶上第二個孔與第三個孔的距離和其它的稍微有一點點差異。當下董事長大發雷霆，並當著所有員工的面，拿出大剪刀將那批皮帶全數剪毀。工廠夥伴震驚地追問原因，董事長生氣地指著間隔不一的皮帶孔說：『難道你們連這樣的品質也敢拿到市場上，讓我們的顧客穿戴在身上嗎？』在物資拮据的那個年代，幾位夥伴含著熱淚哭求董事長手下留情，董事長還是執意要為大家建立標準。玻璃框中這條皮帶就是最後被老員工留下來做紀念的。這也是我們後來能打響品牌的原因，因為我們堅持給客人最好的……」導覽人員用說故事的方式解說這條看似平凡無奇的皮帶，相信一定讓訪客對公司留下不一樣的印象。

5.「物」的方面

提供文字與圖片的書面介紹，讓訪客可以邊聽邊看，效果會更好。除了導覽人員之外，也可配合語音導覽，讓訪客不受固定動線或其他人員影響，甚至可重複聆聽同一展品的說明。隨著科技進步，簡報者也可善用互動式電腦，立體投射影像，或是展覽機器人，呈現更豐富的聲光，讓訪客充滿興趣並印象深刻。

若參訪者是學生，也建議提供學習單，讓參訪行程不只走馬看

花，可更深入體驗，配合學習者的程度，在內容上可做不同程度的安排。另外，在園區的重要景點放置不同標記的印章，全部蓋滿可兌換禮物贈品，更能讓訪客有意願走完全程，享受蓋章兌換成功的喜悅與成就感。

　　戶外導覽更要確認備齊物品，例如急救箱、哨子、望遠鏡、飲水，並視導覽人數評估是否要帶小型擴音機，留意麥克風品質與音量大小，確認導覽的聽眾群都能清楚聽到，組與組的聯繫是透過手機還是對講機也須測試清楚。

6.「何」的方面

　　導覽者做自我介紹，要給訪客正面的第一印象，先讓訪客對自己產生信心。儀容要符合專業形象，服裝適當，穿著出特色，臉上帶著微笑，姿態端正。

　　避免用平鋪直敘的方式解說，而要自然幽默地與訪客互動，介紹方式更要簡單好記，內容要有知識也要有感情，甚至還要有想像力。把硬梆梆的意象說得活靈活現，引發訪客的好奇，愉快地體驗。能夠引發訪客情感，就是導覽的最高境界。

　　若遇到訪客提問，每個問題都要專注地聆聽與回應。遇到很多人發問就要注意先後次序，認真解答問題，並對等候回應的訪客說明與致歉。

實務案例

1. 辦公室導覽

　　在全員行銷的年代，每位員工都有機會對訪客簡介公司，或是帶訪客參觀辦公室；當貴賓要到公司開會，接待人員帶著貴賓從大門到

會議室是低著頭不發一語,還是重點式地介紹公司、辦公環境與核心理念,相信對來賓的印象會有很大的差別。看看下面的例子:

「陳總經理,這是我們的辦公區,公司的核心理念有一項是透明化,所以辦公室採取開放式設計,方便同事彼此交流溝通,也較易增進員工的感情;我們公司整體的設計調性以簡潔、留白為主,意味著無限可能,並鼓勵員工創新。另外,為了讓團隊方便做專案會議,公司每個區域都有高速的無線網路,方便大家在任何區域辦公。」重點式為公司做導覽,把優點介紹給來賓。另外,辦公室可能明亮整潔,也可能忙碌混亂,導覽的夥伴必須將貴賓的注意力放在為企業加分的部分,也可適度提高音量,讓專注工作的同事抬頭微笑打招呼,讓貴賓留下好印象。

2. 觀光工廠導覽

企業的文化、特色、累積多年的產業知識,若能讓訪客親臨現場真實體驗,相信對品牌的瞭解信任一定會大大加分。近年來觀光工廠如雨後春筍大量興起,原本不對外公開的生產流程變成透明化開放參觀,直接與顧客面對面,讓顧客輕鬆體驗,並分享產業知識、傳遞企業價值。這樣的體驗情境的知性之旅常常需要一個引導媒介,也就是完善的導覽來做為傳遞。以下以某甜點觀光工廠為例:

「大家好!歡迎來到幸福甜點主題館,我是今天為大家服務的小甜甜。根據調查發現,喜歡吃甜食的人個性比較平易近人、喜歡美好的生活,是又親切又快樂的人,今天看到大家就真的是這樣喔。

「這裡是【鐵馬站】:不是傑鞍特也不是優拜克喔,這是一百年前我們創辦人載著他自己做的甜點沿街叫賣的鐵馬,無論颱風下雨,這鐵馬總是不離不棄地伴隨他,雖然生意時好時壞,但是創辦人還是堅

持把「帶著幸福感的甜點」傳遞出去。創辦人有個夢想，希望這些甜點可以帶給人們甜蜜感、美好感和幸福感，在生活中找到一絲堅持夢想的力量，在這樣的堅持下，甜點的口碑漸漸傳開，品牌精神也建立了，所以我們特別把這台珍貴的鐵馬保留下來，也是一再提醒我們創辦人的精神，要帶給顧客幸福的甜蜜感。

「這一站【食安站】：我們的甜點品牌之所以有百年歷史，就是因為我們堅持用最好的、最原始的食材製作，同時也跟本地的農民合作生產，都有生產履歷喔，所有產品都有QR cord。我們請這位可愛的小妹妹試試看，掃描這個紅豆大福，是來自屏東縣○○鄉的紅豆產銷班，產地、生產日期及生產者姓名都出現了，真是一目了然，讓人安心！食安問題就交給我們為您把關吧。隔著玻璃，大家可以看到我們生產線都是最新的機器，環境非常整潔，戴著帽子、口罩的工作人員用心製作，正在把幸福感放進每個甜點中。

「這裡是【DIY您熊讚】：這一站的DIY要讓大家做甜而不膩的綠豆糕。大家知道綠豆糕是怎麼來的嗎？相傳在很久很久以前，有位叫做李壯的山東人，他有位年輕美麗的妻子，兩個人一起到外地謀生，到了山西做挖鹽的苦力工作。李壯非常努力，每天為生活打拚、為夢想奮鬥！但是經過長時間勞動，再怎麼壯的李壯也快要挺不住了，每天都拖著疲憊的身軀回家，妻子看了好心疼！於是就將綠豆磨成粉末，加上麵粉還有糖，做成了綠豆糕，給丈夫帶到鹽場當作點心。李壯每每在休息時吃到妻子做的綠豆糕，一份溫暖的幸福感油然而生，不僅補充了體力，更多了往夢想前進的力量。接下來，我們就一起來體驗讓人甜在嘴裡、暖在心裡的綠豆糕。請大家先洗手，跟著我示範的步驟做，一定會做出很成功的點心。

「大家好棒喔，都完成了自己幸福的綠豆糕，接下來發給大家每人一張小卡片，想一想這份自己用心做的綠豆糕要送給誰呢？是一份

感謝，也是一份祝福。最後小甜甜謝謝大家來到我們的幸福甜點主題館，祝福大家生活幸福甜蜜、夢想也能早日實現。」

導覽人員一開始以「小甜甜」的名字拉近與訪客間的距離，並先以鐵馬的故事打動聽眾，讓訪客更有興趣去關注和瞭解品牌背景；接下來介紹館區的食材、設備與生產線人員，讓訪客對食安議題放心；並透過DIY活動，讓訪客體驗甜點製作過程，還有小卡片的傳遞幸福，整個導覽活動兼具知性與趣味，使聽眾對品牌留下深刻印象。

觀光工廠不是觀光商場，觀光工廠導覽不僅僅是介紹自家品牌，也是推銷及建立形象的重要管道，在每個導覽點搭配不同的故事引人入勝，讓參觀者有興趣繼續聽下去。導覽中的每個環節都須顧及訪客的滿意度，而訪客滿意度將直接回饋在產品銷售，以及對品牌的忠誠度上。

3. 風景區導覽

相對於室內場館簡介，戶外導覽干擾會較多，開放性場地會有更多需要注意的事項。導覽者不只全程要成功吸引訪客目光，還要確保訪客都能清楚接收到資訊。導覽者利用博學的素養、清楚的口條、幽默的方式以及有趣的傳說故事，讓訪客在走馬看花之餘，對導覽地點有更深入認識。以下以「碧潭風景區」為例：

「各位貴賓，歡迎來到台灣昔日八景之一：碧潭，請問這樣的音量，後面的貴賓聽得清楚嗎？請大家要注意靠邊一點，以免被其他遊客不小心撞到喔。剛剛看到很多貴賓已經在碧潭這兩個字旁邊拍照打卡了，這是新北市著名的景點，因為就在捷運新店站週邊，交通非常方便，所以假日遊客非常多。我們今天的導覽包含了四個部分：現在位置的碧潭吊橋、和美山的自然步道、渡船頭的廟宇古蹟，以及老街的巡禮。相信大家一定會對這美麗的地方留下豐富精采的回憶。

「我們現在所在位置是碧潭吊橋，這是世界上少有的『鎢鋼球軸承吊橋』，長200公尺，寬3.5公尺，建造於1937年，已經有80年的歷史了，2000年進行了原貌整修，重新更換吊索護欄及橋面板，一共由14條大綱索及94組繫條和鋼樑組成，可負載千人的重量。由這個角度可以俯瞰整個碧潭，新店溪流到這裡，在獅頭山與和美山之間形成長約2000多公尺，寬約200公尺的水潭，因為風景秀麗、潭深水碧，天然脫俗的優勢環境，所以被稱為碧潭。

「如果是情侶的朋友要特別注意了！大家猜猜看碧潭吊橋是情人橋還是分手橋？（與訪客互動）不知道大家有沒有聽說過台灣有幾個情侶禁地，我們碧潭就是其中一個。傳說踏上碧潭吊橋的情侶必須相互扶持全程走完，若是中途停下分開，就非常容易分手喔！不過這些傳言信者恆信，不信者恆不信，感情還是要兩人用心經營啊。

「這個方向，西岸，保持了自然風貌：山崖峭壁、景觀殊勝，有『小赤壁』之稱，上面是國父之子孫科的題字，旁邊有多間新開發的飯店旅館。我們剛剛來的方向，東岸，比較熱鬧，大家可以看到悠閒的釣客、踩著天鵝船的親友、遛狗的老人家，還有好朋友們談心漫步。我左手邊方向是一整排餐廳，有歌手在這邊駐唱，往那個方向的腳踏車道可以一路一直騎到淡水八里……」

我們可以感受到導覽者的用心，一開始就讓參訪貴賓瞭解導覽全貌，除了本身對碧潭的相關數據非常清楚之外，還透過拜訪地方耆老更深入瞭解當地的人文薈萃及傳說，讓參訪貴賓知道一般人所不知道的內容。

密技 4：多元性的團隊簡報

團隊簡報不同於個人簡報，因為成員多元，簡報的豐富性與效率也會變得不同。就像《西遊記》的幾位主角：有追求願景、持續往目標前進的唐三藏；有武藝高強、樂於競爭冒險的孫悟空；有喜歡表現、愛搞笑的豬八戒；有默默付出、個性溫和的沙悟淨；還有一匹任勞任怨、能馱負重物的白馬，因為彼此的專業和個性不同，組成一支樣貌豐富的取經團隊。

也因為大家的個性、思考邏輯、做事順序以及行動的速度都不盡相同，因此更需要充分磨合才能展現效率。如果只是分配簡報任務，各自做自己負責的那一塊，上台依序報告，那充其量不過是「團體簡報」；若是整個團隊一起發想、分工合作，彼此激盪想法，替團隊簡報增添色彩，並在發表時讓聽眾看見不一樣的火花，讓1+1+1>5，那才是「團隊簡報」。所以團隊簡報高手絕不是自己跳出來扛下全部的工作，而是打造一個高績效的簡報團隊。

團隊簡報的方法原則

1. 建立團隊

簡報團隊形成可能是自願加入，也可能是長官分配，為了避免有「廢棒」不做事、拖累團隊，一開始的團隊建立非常重要。團隊簡報前的第一次策略會議必須凝聚團隊共識，讓大家有生命共同體的感覺。接下來每位成員都簡述自己對簡報主題的看法，可提出多個主題，討論各個主題的優缺點，選出一個明確的主題做為任務的起點。

2. 資料蒐集與製作

　　所有成員徹底瞭解主題並且討論過之後，接下來依照個人強項分配工作：由部分成員填寫簡報設計表，將簡報的場景、對象等做好通盤思考；部分成員主導資料蒐集，並在資料蒐集完後做刪減與整合；部分成員製作投影片，設計最吸引聽眾的動態呈現；表達力最佳的一人或數人負責上台簡報、成果發表，最好是由未來會繼續與客戶互動的窗口擔任主要簡報者。

　　視任務及準備時間，每位團隊成員負責一至數項工作。團隊簡報的特色是團隊的合作，所以上述過程除了分工之外，記得每個環節都透過團隊共同發想，集思廣益，最後再由那環節的負責人加以整合。另外，用甘特圖控管進度，可以有效避免團隊討論延宕而失去效率。

3. 預演彩排

　　團隊簡報預演也是重要環節，一定要演練正式的程序，讓前後棒清楚知道銜接的時點，能夠無縫隙接軌，不只投影片接得好，連情緒也能夠順暢地銜接。彩排重點還要包括沙盤演練聽眾可能會提出的問題，做好完整的準備。

4. 上台簡報

　　很多團隊彩排演練時很順暢，但一進到簡報會場，一組人一字排開，服裝正式又表情嚴肅，把氣氛弄得很僵。建議一開始先與聽眾互動，暖場。簡報主持人也避免做硬梆梆的介紹：「接下來請石經理談談我們公司的技術支援。」最好像日常談話一樣，順著話題自然串接到下一個主題上。

　　客戶提問時，建議先聽問題，邊聽、邊記、邊思考，並由團隊中對此內容最熟悉的成員回答，其他人再做補充，避免有遺漏或是大家

搶話的情形發生。

實務案例

1. 小組報告

　　很多公司會在年度策略會議安排小組討論和報告；企業內訓課程中也常常安排課後產出，例如：創新、服務等課程，會預留各部門的討論及簡報，將課程的收穫直接連結到未來的工作上。相信讀者對此類型的團隊簡報一定不陌生，以下以公司客服部門的報告為例：

　　「各位同事大家午安，我是客服的許心彤，很高興兩天的課程和大家一起學習，有很多的收穫，未來要如何運用，客服部會分成三部份向大家做報告：先由我為大家說明權責歸屬標準化的建議，以及縮短退換貨流程的改善方案，最後會由康副理說明如何加強客服人員的熱情。」

　　課程後討論的時間一般而言相對緊湊，所以同部門夥伴針對課程的內容與學習要如何應用在工作面，須快速集思廣益，又要發散、又要收斂。有人管控時間，有人負責記錄，有人協助繪製海報，有人上台報告，有人思考主管可能的提問並預作準備，共同為團隊簡報創造成功表現盡一分力。

2. 業務接案簡報

　　隨著環境競爭越來越激烈，客戶的要求也越來越高，有時單憑業務員單打獨鬥、自己做簡報，已經無法滿足客戶的需求。所以很多公司因此開始改採團隊戰，由業務、研發、服務等部門同仁，一起對客戶做簡報，甚至連最高主管都一起出動，讓客戶感受到誠意。以下以一家廣告公司的接案為例：

「各位朋友大家好，我們是○○廣告的專案團隊，今天很高興能夠來到貴公司，提出下半年的廣告行銷案。請容許我簡介我們的團隊：第一位是創意總監李宗銘，第二位是媒體總監張文華，第三位是我們的AE梁曉萱，我是這個專案的專案經理游凱進，今天的簡報會由我先為大家報告下半年飲料市場的行銷策略，再來由創意總監說明下半年廣告的創意設計，最後由媒體總監為大家簡介預算的分配，最後會進行Q&A的雙向互動。」

如果讀者是客戶，是希望一位業務人員來簡報，還是一個團隊呢？尤其是重要的評選會議，自家公司高階主管都出席了，對方理應門當戶對。所以一個Team一起出席簡報，將大大提升團隊的實力與勝任能力，也因此提高了成交機率。

3. 日本申奧團隊簡報

四年一次的奧運是全世界最大的體育盛事，參與的國家、選手及比賽項目幾乎年年增加，顯然成為了全世界和平與友誼的象徵，也同時蘊含了龐大的商業利益，想當然耳是許多國家極力爭取主辦的活動。在眾多競爭者全力角逐下，日本東京成功取得2020年夏季奧運的主辦權，除了主客觀的條件外，完美的團隊簡報絕對是成功的關鍵。

這是一場精心設計的簡報，45分鐘的時間首先由日本皇族高圓宮妃久子開場，以流利的法文感謝各國對東日本大地震的援助，再以英文讚賞東京申奧團隊的努力，並引用奧運帶給年輕運動員夢想介紹出第二棒講者。殘障奧運跳遠選手佐藤真海說：「我會站在這裡，是因為運動救回了我的人生。」結合了照片與籃球隊激勵失意小孩的影片，感性說出不放棄的精神。第三棒奧運申辦委員會理事長竹田恆和，強調東京的三個優勢：傳遞、慶典、創新，是足以承辦奧運的城市。委員會副理事長水野正人接棒闡述東京的選手村及各個場館，再用法文

引出一段影片，介紹東京奧運整體規劃。第五棒東京都知事豬瀨直樹，提到東京是個動態、和平、可靠的城市，同時可以提供很好的服務，像是準時便捷的交通等，接著用擊掌的方式與第六棒接力。電視台主播瀧川雅美用流利的法文介紹日本的待客之道，雙手合十的她，有動人的容顏及溫柔的舉止，用影片展示東京的風采。年輕的西洋劍選手太田雄貴，用許多手勢強調運動員的熱情，再以握手的方式交棒給安倍晉三。首相安倍先說東京是全世界最安全的城市，並用雙手向下表示福島的核污染已經得到完全控制，讓大家放心東京是安全的，不斷提高音調強調：「我們已經準備好了！」最後的影片出現小孩、殘障人士等，失意者在每一次心跳中重新找回了運動的精神與熱情，先前得到籃球隊激勵的小孩也真的實現夢想成為籃球員，同時又傳承激勵另一個小孩，影片中許多人一直出現右手握拳放在左胸前的姿勢，表示「放心，請相信我！」。最後一棒再回到理事長竹田恆和，總結東京是個願意分享、傳遞並支持奧運價值的城市，「我們的人民將會和大家一樣努力擁護這些珍貴的價值，竭盡所能地傳遞奧運精神，投票給東京是最佳的選擇！」

　　國際奧會形容這是一場「震憾人心」的簡報！簡報成員涵蓋了政治、媒體、體育界，甚至皇室貴族都參與其中，每一位放在最適合的演說位置上：有理性的數據說明，也有感性的溫馨訴求，有豐富到位的肢體動作，也有恰如其分的表情演繹。上台順序及接棒動作也如行雲流水般順暢，讓人見識日本人細膩與精準的執行力。同時運用了大量的圖片、照片、影片、音效，結合了英語、法語、日語等多國語言，最終整體的力量不只相加，而是倍數相乘。日本申奧團隊的簡報，無疑是團隊簡報的最佳範本！日本東京得到2020年奧運主辦權，為日本創造的經濟效益，預估將達到400億美元。

密技 5：用英語做簡報

　　英語簡報，關鍵不在於爐火純青的英語口說能力，而是能夠在需要的場合對外國聽眾做好英語簡報。多數讀者的英文不一定很好，用非母語在正式場合公共表達可說是一大挑戰，讓很多必須以英語簡報的人有極大的壓力。

　　但是英文的口語能力較難在短時間大幅提升，因此，可藉由套用較簡單的模組，並大量運用圖表類型的投影片，強調關鍵字，讓外國聽眾就算聽不懂，也能理解自己要表達的重點。

英語簡報的方法原則

1. 準備中文的簡報

　　首先依照本書建立起承轉合架構的部分，填寫簡報設計表，但須留意的是，聽眾對象是外國人，不僅語言和文化背景不同，思維邏輯也大相逕庭。西方的思維邏輯比較是背景、問題、解決、益處、行動，因此，簡報者也須因應這樣的思維架構，考量文化差異，做適度的調整和轉換。

2. 翻譯成英文

　　規劃投影片的腳本與呈現，將中文翻譯成英文，盡可能用大綱圖解的模式，避免使用艱難的單字語詞，用多數聽眾都能懂的語言和方式標註重點，方便簡報時的解說。

　　英語簡報的常見標準流程如下，讀者可作為範本來套用。

① Starting the presentation and explaining the reasons for giving it　開始報告並說明原因

Good morning / Good afternoon, ladies and gentlemen.　各位女士、各位先生，早安／午安

◎ What I'm going to talk about today is...　今天我要談論的是……

◎ My focus will be on...　我會把焦點放在……

◎ The purpose of this presentation is...　這個報告的目的是……

② Stating the main points　報告大綱

◎ The main points I will be talking about are...　我的報告有幾大重點……

◎ I have divided my presentation into (five) parts/sections...　我將簡報分為（5）個部分／段

◎ The subject can be looked at under the following headings...　這個主題可視為以下幾項標題……

③ During the presentation　在報告中可使用的句子

◎ Now let's move on to...　接下來，讓我們看看……

◎ According to the data...　根據數據資料……

◎ The chart shows that...　圖表顯示……

④ Conclusion　做結論

◎ I'm going to conclude by...　我將要用……做結論

◎ In conclusion,...　總而言之……

◎ I'd now like to sum up the main points which were...　我現在要用一些重點作總結……

⑤Questions　提問時間

◎ Now I'd like to address any questions you may have.　有任何問題都可以問我。

◎ I would like to start our Q&A session.　現在開始進入提問時間。

◎ I'd be glad to answer any questions.　我很樂意回答任何問題。

3. 請教內行人

　　使用非母語簡報就像外行人對內行人說話，為了避開錯誤、降低風險，建議準備好簡報內容後，請教外國朋友或是英文很好的同事，調整一些細節，試著講講看，請內行人提出建議並修正。

4. 練習再練習

　　最後，多加演練上台時才能行雲流水。盡可能把每個英文單字都說得很清楚，並在重點部分加強語氣，就算聽眾聽不懂某些內容，但因為重點強調得很好，聽眾也能理解自己想傳達的訊息。建議將講稿背熟，準備好可能被問到的問題及數據資料，練習並聽聽自己的錄音，不斷修正改進，盡可能不斷加強簡報領域的英文單字。

5. 上台簡報

　　很多人往往會因為緊張，或想展現自信，導致英語簡報速度過快；越緊張或越想表達自信就越快，導致簡報失去了穩定的節奏，整個人慌張亂了套。放慢速度，至少讓聽眾聽清楚自己說的每一個字，穩定自己的步調。

實務案例

　　因應外國聽眾較在乎前因後果，所以對外國聽眾簡報的開場與總

結變得格外重要。如何透過關鍵字強化重點，也是簡報成敗的關鍵。
請參考下述三個例子：

1. 開場白

具有說服力的開場白最能引起聽眾的注意力和興趣，要清楚說出
簡報目的、簡報架構，並且連接到第一個主題。可參考有關產品行銷
簡報的開場：

"My presentation will be in three parts. First, I am going to give you
some information and figures. Then, I am going to talk about the actual sales
performance of our product. And finally, I'll show you how we plan to increase
our market share by 20%. The presentation will probably take 20 minutes.
There will be time for questions at the end of my talk."

開場白首先做簡單的自我介紹，接著帶出主題。可以先簡單地向
聽眾說明程序，分為幾個部分、簡報時間、該怎麼發問等等，讓聽眾
對內容有初步的概念，方便後續簡報內容的銜接。

2. 總結

簡報中可能談到非常多內容，到最後聽眾接收到的訊息可能會模
糊，甚至混亂。因此要清晰、簡潔地複習前面的重點，最後強調給聽
眾，就可以加深印象。看看下面的例子：

"Before the end of this presentation, I would like to Sum up what Alice IT
Service can bring to your company. They are:
Constant monitoring.

Enhanced security.

Maximum uptime.

Increased efficiency.

Time saving.

Confidence on IT.

The most important：

Reduce 50% IT costs, all for lesser cost than setting up an internal team.

So please refer to our plan A or plan B.

If you have any question, pls. let me know."

英語簡報和中文簡報一樣，有Opening，也要有Ending。在簡報最後準備一張簡單的總結，將重點簡短地重述一次，不只強調了簡報內容，也使聽眾能夠進一步做決策。最後，用節省資訊管理成本50%做總結，將會對聽眾有「衝擊」的效果。

3. 善用關鍵字

關鍵字很重要！外國聽眾一般都能理解簡報者的英文可能不夠通順，所以會非常關心重點是什麼。簡報者除了要運用圖表，方便聽眾按圖索驥之外，更要善用關鍵字來傳遞重點。

之前一個有名的例子是在哥本哈根，各國的談判代表對於全球暖化議題進行協議，其中已開發國家預計撥付發展中國家一百億美元的資助，中國代表此時發言：

"I'm not very good at English, but I doubt whether just a 1 per cent reduction can be described as remarkable or notable, the $US10 billion annual green fund, that has won wide support at the conference and is included in the draft Danish agreement, worked out to just \$2 per person across the planet - not enough to buy a coffee in Copenhagen, or a coffin."

「我可能英文不好，但是開發國家兩塊美金買的 coffee（咖啡），分到發展中國家連買 coffin（棺材）都不夠。」中國不會把「英文不好」、「聽力不好」的官員放在第一線談判桌衝鋒陷陣，透過「爛英文」裝瘋賣傻、裝聾作啞，是談判高手過招。

巧妙的應用關鍵字，對比出一個「地球村」中的富國與窮國、天堂與地獄的差別待遇，既是抗議，也是討債，更是算總帳。咖啡帶出近百年來西方帝國殖民主義的燒殺擄掠，咖啡的歷史就是棺材（奴隸與死亡）的歷史，而棺材的死亡意象，也連結到氣候變遷、地球暖化所帶來的末日恐懼。

中國代表以最為簡潔有力的生動意象，一語驚人、又一語多關、更一語道破當前全球政治詭譎莫變的歷史權力糾結，讓全場的聽眾印象深刻。各位讀者，快在您的英語簡報中加入意象簡潔、力道足夠的關鍵字吧！

後記

1. 自我檢討

　　每一次簡報完，簡報者都應自我檢討，什麼地方講得很不錯，下次可以持續保持；哪個區塊講得有點心虛，或是聽眾的反應不佳，都要再修正改進。如果是對客戶的行銷提案，客戶拒絕或者挑了其他廠商，也要盡可能請問客戶，自己還有哪一些不夠好的地方。

　　在簡報中，如果聽眾吐槽或是挑戰，有可能是個案，也有可能其他的聽眾都認為自己的簡報有問題，只不過這位聽眾的反應較為強烈。因此，把錯誤當作成長的養分，把這次的不圓滿當成功課，不斷精進，讓下次變得更好。

2. 標竿學習

　　標竿學習（benchmarking）是有系統地將企業流程，與世界上居領導地位之企業作比較，進而改善營運績效的持續過程，同樣也可運用在簡報上。讀者一定有聽過某場簡報，對主講者的表現讚譽有加，那麼他就可以當成自己的標竿，學習其優點，讓自己超越更上一層樓。

　　蘋果創辦人史蒂夫·賈伯斯在Mac Air book的上市發表會簡報常被人當作是標竿學習的素材，透過魅力的表達、自在的談吐，加上熟練的自訂動畫，先讚美了競爭對手Sony的vaio筆電的強項，再把自家產品的優點透過圖示、勝過vaio筆電，之後再從牛皮紙袋拿出薄到不行的自家產品，讓現場的聽眾驚呼聲不斷，讀者可google這段經典的簡報作為標竿學習的素材。

　　當然，標竿學習不能見誰都模仿，最後變成了東施效顰。這是一個「知己」、「知彼」、「超己」的過程，重新盤點自己的簡報表現，知道自己的弱項，再透過標竿的設定尋找，給自己一個模仿和學習的對象，最後突破現況，進而超越現在的自己。

相關資源

1. TED

　　想要提升簡報技巧，TED是非常棒的資源，TED是Technology（科技）、Entertainment（娛樂）、Design（設計）三個英文字的縮寫，有各行各業的精英在此平台分享個人的精華。每位簡報者必須在18分鐘內，用「說故事」的方式來分享經驗和想法，每位簡報者不只是演講，更像是一場縝密設計的表演，既要能當編劇，又能當導演，最終還要當主角，內容也充滿高度樂趣和學習性。

　　TED演講有所謂的3663原則，先在3分鐘的「開場白」說出重點，建立在聽眾心中的獨特地位，讓聽眾知道為何非聽你說不可，接下來6分鐘的「成案」，透過案例或故事，讓聽眾認知議題的重要，接下來的6分鐘是「辦案」，提出分析和解決方案，最後3分鐘「結案」，以召喚作為結尾，激勵聽眾改變想法，付諸行動。

　　在TED網站，有各種型態、各種主題的簡報片段，時間都大約是18分鐘，18分鐘足夠讓聽眾進入狀況，又不至於分神，使簡報者去蕪存菁，思考真正要告訴聽眾的是什麼，對想要提升簡報的讀者而言，絕對能讓大家學習和參考。http://www.ted.com/

2. 投影片分享社群

Slideshare（全球最大簡報分享社群網站）http://www.slideshare.net/

3. 免費母片下載

Free PowerPoint Templates http://www.free-power-point-templates.com/

Presentation Magazine https://www.presentationmagazine.com/free_powerpoint_template.htm

Free PowerPoint Templates and Backgrounds http://www.templateswise.com/

Microsoft Office 套件的免費範本 https://templates.office.com/zh-tw/templates-for-PowerPoint

優品 PPT 模板網 http://www.ypppt.com/

SLIDESCarnival http://www.slidescarnival.com/

ALLPPT http://www.free-powerpoint-templates-design.com/

Powerpoint Styles http://www.powerpointstyles.com/

參考資料

1. 書目

天野暢子（2009）。《不必說話就贏的簡報術》。陳美瑛。臺北：天下文化。

Jennifer Rotondo & Mile Rotondo Jr.（2002）。《成功簡報立即上手》。丁惠
民。臺北：美商麥格羅・希爾。

Nancy Duarte（2015）。《跟誰簡報都成功》。呂奕欣。臺北：天下文化。

Michael Egan（1999）。《簡報就是表演 Show》。周雍強。臺北：天下遠見。

Heather Pierce（2005）。《成功簡報實用手冊》。陳瑜清。臺北：美商麥格
羅・希爾。

Jerry Weissman（2004）。《簡報聖經：簡報大師的致勝演說絕招》。甄立豪。
臺北：臺灣培生教育。

Andrew Bradbury（2002）。《成功簡報與演說：開創商機的重頭戲》。龔佳、
趙霖瑩。臺北：勝景文化。

Karia Akash (2013). How to Deliver a Great TED Talk: Presentation Secrets of the
World's Best Speakers. Publisher: CreateSpace Independent Publishing Platform.

Sandra Moriarty & Tom Duncan (1994).How to create and deliver winning advertising presentations. Lincolnwood (Chicago): NTC Business Books. Publisher: McGraw-Hill/Contemporary

Jeffrey Gitomer（2010）。《9.5招說服老闆＋客戶》。李大川。臺北：商周出版。

Paul LeRoux（1988）。《成功簡報手冊》。曾瑞枝。臺北：天下文化。

山崎紅（2004）。《超說服力簡報鐵則PowerPoint制勝秘訣》。先鋒企管出版部。桃園。

珍妮佛・羅騰多，麥克・羅騰多（2002）。《成功簡報》。丁惠民出版社

Beth Ellyn McClendon。《The Art of Elevator Pitch用150字抓住投資人注意的電梯簡報術》

Funday行動外語學習平台（2012）。《照著講！英文會議簡報》。新北：希望星球語言出版。

Philip Deane & Kevin Reynolds（2009）。《英語簡報怎麼做？》。王詩怡。臺北：眾文圖書股份有限公司。

李君如（2008）。《工廠悠遊・設計想像，觀光工廠新玩味》。南投：經濟部工業局／中部辦公室。

2. 雜誌

《EMBA雜誌》第150期（1999年2月出版）。品牌行銷｜打一場成功的團隊簡報戰。台北：EMBA世界經理文摘雜誌。

《經理人雜誌》第68期（2010年07月05日出版）。臺北：巨思文化。

3. 網路資料

【職場英文】完美簡報之二「要」三「不」！標準報告SOP讓你不再手足無措。http://tw.blog.voicetube.com/archives/21001

國家圖書館出版品預行編目資料

簡報即戰力：讓任何人都買單的上台說話術 / 楊紹強著. -- 初版. -- 臺北市：
　商周出版：家庭傳媒城邦分公司發行, 2018.04

面；　公分. -- (Live & learn ; 40)

　　　　ISBN 978-986-477-423-4(平裝)

　1.簡報

494.6　　　　　　　　　　　　　　　　107002788

簡報即戰力——讓任何人都買單的上台說話術

作　　　者／楊紹強
企 劃 選 書／程鳳儀
責 任 編 輯／余筱嵐

版　　　權／林心紅、翁靜如
行 銷 業 務／林秀津、王瑜
總　編　輯／程鳳儀
總　經　理／彭之琬
發　行　人／何飛鵬
法 律 顧 問／元禾法律事務所　王子文律師
出　　　版／商周出版
　　　　　　台北市 104 民生東路二段 141 號 9 樓
　　　　　　電話：(02) 25007008　傳真：(02)25007759
　　　　　　E-mail：bwp.service@cite.com.tw
　　　　　　Blog：http://bwp25007008.pixnet.net/blog
發　　　行／英屬蓋曼群島商家庭傳媒股份有限公司城邦分公司
　　　　　　台北市中山區民生東路二段 141 號 2 樓
　　　　　　書蟲客服服務專線：(02)25007718；(02)25007719
　　　　　　服務時間：週一至週五上午 09:30-12:00；下午 13:30-17:00
　　　　　　24 小時傳真專線：(02)25001990；(02)25001991
　　　　　　劃撥帳號：19863813；戶名：書蟲股份有限公司
　　　　　　讀者服務信箱：service@readingclub.com.tw
　　　　　　城邦讀書花園：www.cite.com.tw
香港發行所／城邦（香港）出版集團有限公司
　　　　　　香港灣仔駱克道 193 號東超商業中心 1 樓
　　　　　　E-mail：hkcite@biznetvigator.com
　　　　　　電話：(852) 25086231 傳真：(852) 25789337
馬新發行所／城邦（馬新）出版集團【Cite (M) Sdn. Bhd. 】
　　　　　　41, Jalan Radin Anum, Bandar Baru Sri Petaling,
　　　　　　57000 Kuala Lumpur, Malaysia.
　　　　　　Tel: (603) 90578822　Fax: (603) 90576622
　　　　　　Email: cite@cite.com.my

封 面 設 計／李東記
內 頁 設 計／洪菁穗
排　　　版／極翔企業有限公司
印　　　刷／韋懋實業有限公司
經　銷　商／聯合發行股份有限公司
　　　　　　電話：(02) 2917-8022 Fax: (02) 2911-0053
　　　　　　地址：新北市 231 新店區寶橋路 235 巷 6 弄 6 號 2 樓

■ 2018 年 4 月 24 日初版　　　　　　　　　　　　Printed
■ 2024 年 2 月 27 日初版 2.3 刷
定價 450 元

城邦讀書花園
www.cite.com.tw